高等学校教材

化工原理实验指导

赵晓霞　史宝萍　主编

化学工业出版社

·北京·

全书分理论和实验两部分。理论部分包括实验误差分析及化工测量仪表和测量方法；实验部分包括化工基本实验（包括流体流动、传热、吸收、精馏、干燥等11个实验）和演示实验（包括流体流动、精馏、干燥等4个实验）两大部分。本书实用性强，既可作为各高等院校本、专科的化工原理实验教材，也可供化工部门相关工程技术人员参考。

图书在版编目（CIP）数据

化工原理实验指导/赵晓霞，史宝萍主编．—北京：化学工业出版社，2012.3

高等学校教材

ISBN 978-7-122-13128-7

Ⅰ．化…　Ⅱ．①赵…②史…　Ⅲ．化工原理-实验-高等学校-教材　Ⅳ．TQ02-33

中国版本图书馆CIP数据核字（2011）第277815号

责任编辑：徐雅妮　　文字编辑：刘志茹

责任校对：陶燕华　　装帧设计：关　飞

出版发行：化学工业出版社（北京市东城区青年湖南街13号　邮政编码100011）

印　　装：北京白帆印务有限公司

787mm×1092mm　1/16　印张6　字数118千字　2012年3月北京第1版第1次印刷

购书咨询：010-64518888（传真：010-64519686）　售后服务：010-64518899

网　　址：http://www.cip.com.cn

凡购买本书，如有缺损质量问题，本社销售中心负责调换。

定　　价：15.00元

前　言

本教材是根据化工原理实验教学规程，围绕天津大学和浙大中控实验设备特点，结合我院实际而编写的一本化工原理实验教材。

本教材注重理论联系实践的过程及工程与工艺流程的结合，强调动手实践能力和创新意识，同时也是从实践教学走向工厂实践的纽带，因此教材内容的工程实践性较强。

全书分理论和实验两部分。理论部分包括实验误差分析及化工测量仪表和测量方法；实验部分包括化工基本实验（包括流体流动、传热、吸收、精馏、干燥等11个实验）和演示实验（包括流体流动、精馏、干燥等4个实验）两大部分。本书实用性强，既可作为各高等院校本、专科的化工原理实验教材，也可供化工部门相关工程技术人员参考。

全书由赵晓霞、史宝萍统稿审定。参加编写的有太原科技大学赵晓霞、史宝萍、石国亮（绪论、第1章、第2章、第7章、附录部分内容），王迎春、魏秀萍（第3章、第6章、附录部分内容），高晓荣（第4章、第5章）。赵玉英、李变云老师和学院相关领导对教材的编写给予了大力支持，在此表示衷心感谢。

此外，为显现大学生实践效果，本书在编写过程中简化了原理方面的内容而更加突出应用方面的能力考察。鉴于编写时间有限，且部分内容是作者的经验和见解，不妥之处在所难免，衷心希望读者给予指教，以使本教材日臻完善。

编　者

2011年11月

目录

绪　论

0.1 化工原理实验的特点

化工原理课程是化工类及相关专业的重要技术基础课，它属于工程技术学科，是建立在实验基础上的科学，不仅有完整的理论体系，也有其独特的实验研究方法。化工原理实验是化工原理课程理论的工程实践过程，属于工程实验范畴。同时，化工原理实验还应当与化工类其他实验相配合，达到培养学生科学实验能力的目的。

0.2 化工原理实验的教学目的

(1) 巩固理论知识

通过实验加深学生对化工原理课程中所讲授的基本原理、基本概念和基本公式的深刻理解。

(2) 掌握实验研究方法和基本数据测试方法

通过实验初步掌握量纲分析法和数学模型法的步骤；掌握操作参数、设备特性参数和特性曲线的测试方法以及典型设备的操作方法。

(3) 提高工程实践能力

主要包括对实验问题的合理设计、分析、操作、归纳、总结，并运用规范语言表述技术报告的能力等。

0.3 化工原理实验的基本要求

(1) 实验预习

① 学生实验前认真预习实验相关指导教材和课堂教学的有关章节，了解实

验目的和要求。

② 结合现场实验装置写出预习报告。预先组织实验小组，小组讨论并拟定实验方案，预先做好分工并写出实验预习报告。预习报告主要包括实验目的、实验方法、基本原理、流程、设备的结构、测量仪表、实验操作步骤以及绘制数据记录表格等。

预习报告应在实验前交实验指导教师审阅，获准后方可参加实验。

(2) 实验操作

① 学生要严格按照操作规程或步骤进行操作；

② 随时注意观察实验现象并进行理论联系实际的思考，及时发现实验问题；

③ 认真细致测定并记录实验原始数据。

(3) 实验数据处理

采用恰当方法处理实验数据。如果采用计算机处理实验数据，学生必须有一组数据作出手算示例。

(4) 撰写实验报告

实验结束后，要求学生完成一份自行撰写成文的实验报告，应避免单纯填写表格的方式。

实验报告主要包括实验名称、实验目的、实验原理、实验操作步骤、数据记录表和计算过程、实验结果的分析和讨论等。

第1章 实验误差分析及数据处理

在化工原理实验中，用各种测试仪器测量基本物理量。由于测量仪器、测量方法、周围环境、人的观察力等原因，使实验测量值与真值之间总是存在一定的差异，这种差异在数值上表现为误差。对测量误差进行正确估计和分析，是组织实验、测量和评判实验结果及设计方案的前提。

1.1 测量误差的基本概念

1.1.1 实验数据的真值与平均值

真值是指某物理量客观存在的确定值，它一般不能直接测出。而当测量次数无限多时，根据正负误差出现概率相等的分布规律，取测量值的平均值，在无系统误差的情况下可以获得极为接近于真值的数值，故真值等于测量次数无限多时算出的平均值。但实际测定的次数是有限的，由有限次数求出的平均值，只能近似于真值，可称此平均值为最佳值，计算时可将此最佳值作真值用。

在化工中，常用的平均值有以下几种。

(1) 算术平均值 x_m

设 $x_1, x_2, \cdots, x_n$ 表示各次的测量值，n 表示测量次数，则算术平均值为：

$$x_m = \frac{x_1 + x_2 + \cdots + x_n}{n} = \frac{1}{n}\sum_{i=1}^{n} x_i \tag{1-1}$$

凡测定值的分布服从正态分布时，用最小二乘法原理可以证明算术平均值即为一组等精度测量的最佳值或最可信赖值。

(2) 均方根平均值 x_s

$$x_s = \sqrt{\frac{x_1^2 + x_2^2 + \cdots + x_n^2}{n}} = \sqrt{\frac{\sum_{i=1}^{n} x_i^2}{n}} \tag{1-2}$$

(3) 几何平均值 x_c

$$x_c = \sqrt[n]{x_1 x_2 \cdots x_n} = \sqrt[n]{\prod_{i=1}^{n} x_i} \tag{1-3}$$

或以对数表示：

$$\lg x_c = \frac{1}{n}\sum_{i=1}^{n} \lg x_i \tag{1-4}$$

对一组测量值取对数，所得图形的分布曲线呈对称形时，常用几何平均值。可见几何平均值的对数等于这些测量值对数的算术平均值。几何平均值常小于算术平均值。

(4) 对数平均值 x_l

设有两个量 x_1、x_2，其对数平均值为：

$$x_l=\frac{x_1-x_2}{\ln\frac{x_1}{x_2}} \tag{1-5}$$

当 $x_1/x_2 \leqslant 2$ 时，可用算术平均值代替对数平均值。在热量与质量传递中，分布曲线多具有对数特性，此时可采用对数平均值。

使用不同的方法求取的平均值，并不都是最佳值。平均值计算方法的选择，取决于一组测量值的分布类型。在化工实验和科学研究中，数据的分布多属于正态分布，故多采用算术平均值。

1.1.2 误差的定义及分类

误差是实验测量值（包括直接和间接测量值）与真值（客观存在的准确值）之差。

根据误差的性质和产生的原因，可分为以下三类。

（1）系统误差

系统误差是指在测量或实验过程中未发觉的误差，而这些因素影响的结果为永远朝一个方向偏移，其大小及符号在同一组实验测量中完全相同，当实验条件一经确定，系统误差就获得一个客观上的恒定值，多次测量的平均值也不能减弱它的影响，只有当改变实验条件时，才能发现系统误差的变化规律。

产生系统误差的原因如下：仪器不准，如刻度不准，仪表未校正或标准表本身存在的偏差等；周围环境的改变，如外界温度、压力、风速等；实验人员个人的习惯或偏向，如读数偏高或偏低等所引起的误差。针对以上具体情况，分别通过改进仪器和实验装置以及提高实验技巧予以解决。

（2）随机误差（偶然误差）

随机误差是由某些不易控制的因素造成的。在相同条件下做多次测量，其误差数值和符号是不确定的。即时大时小，时正时负，无固定大小和偏向。随机误差服从统计规律，其误差与测量次数有关，随着测量次数增加，出现的正负误差可相互抵消，因此多次测量值的算术平均值接近于真值。

（3）过失误差（粗大误差）

过失误差是与实际明显不符的误差，误差值可能很大，无一定规律。主要是由于实验人员粗心大意，如读错数据、记错数据或操作不当造成的，存在过失误差的观测值在实验数据整理时应该剔除。此类误差只要操作人员认真细致地工作和加强校对，即可避免。

从以上讨论可知，系统误差和过失误差是可以设法消除的。由于理论上以及仪器、方法上所造成的系统误差往往超过随机误差许多倍，所以首先应该消除系统误差。

1.1.3 误差的表示方法

（1）绝对误差 d

对一个物理量测定后，其测量值与该物理量真实测量值之差称绝对误差。实际工作中以最佳值（即平均值）代替真值，有时把测量值与最佳值之差称为残余误差，习惯上也把它称为绝对误差。

$$d_i = x_i - X \approx x_i - x_m \tag{1-6}$$

式中 d_i——绝对误差；

x_i——第 i 次测量值；

X——真值；

x_m——平均值。

(2) 相对误差 $e\%$

为了比较不同测量值的测量精度，以绝对误差与真值（或近似地与平均值）之比作为相对误差：

$$e\% = \frac{d_i}{X} \times 100\% \approx \frac{d_i}{x_m} \times 100\% \tag{1-7}$$

在单次测量中：

$$e\% = \frac{d_i}{x_i} \times 100\% \tag{1-8}$$

(3) 引用误差 $\varepsilon\%$

除以上两种常用的误差表示外，还有引用误差。引用误差是一种简化的和实用方便的相对误差，常用来表示仪表的精度。它是以量程内最大示值误差与满量程示值之比的百分数表示：

$$\varepsilon\% = \frac{d_{max}}{\Delta x} \times 100\% \tag{1-9}$$

式中 d_{max}——最大示值误差；

Δx——仪表的测量范围。

(4) 算术平均误差 δ

它是一系列测量值误差绝对值的算术平均值，是表示误差较好的方法。

$$\delta = \frac{\sum_{i=1}^{n} |d_i|}{n} = \frac{\sum_{i=1}^{n} |x_i - x_m|}{n} \tag{1-10}$$

式中 n——测量次数；

d_i——第 i 次测量的绝对误差。

(5) 标准误差（均方误差）

对有限测量次数，标准误差可表示为：

$$\sigma = \sqrt{\frac{\sum_{i=1}^{n} d_i^2}{n-1}} = \sqrt{\frac{\sum_{i=1}^{n} (x_i - x_m)^2}{n-1}} \tag{1-11}$$

标准误差是目前常用的一种表示精度的方法。它不仅与一组测量值的每个数据有关，而且对一组测量值的较大误差和较小误差很敏感，能较好地表示偏差的离散程度。实验愈精确，其标准误差愈小。

【例 1-1】 某次实验测得以下两组数据：

① 10.4　10.3　10.2　10.0　10.1

② 9.9　10.2　10.5　10.2　10.2

求各组实验的算术平均误差和标准误差。

解：$\overline{x_1}=\dfrac{10.4+10.3+10.2+10.0+10.1}{5}=10.2$

$$\delta_1=\frac{0.2+0.1+0.0+0.2+0.1}{5}=0.12$$

$$\sigma_1=\sqrt{\frac{\sum_{i=1}^{n}(x_i-x_{\mathrm{m}})^2}{n-1}}=\sqrt{\frac{0.2^2+0.1^2+0.0^2+0.2^2+0.1^2}{5-1}}\approx 0.16$$

$$\overline{x_2}=\frac{9.9+10.2+10.5+10.2+10.2}{5}=10.2$$

$$\delta_2=\frac{0.3+0.0+0.3+0.0+0.0}{5}=0.12$$

$$\sigma_2=\sqrt{\frac{0.3^2+0.3^2}{5-1}}\approx 0.21$$

可见，标准误差可以作为 n 次测量值随机误差大小的标准，在化工实验中得到广泛应用。

1.1.4　精密度和准确度

精密度和准确度是与误差相反的概念。在测量中所测得的数值重现性的程度，称为精密度，它反映了偶然误差的大小；而测量值与真值之间的符合程度，称为准确度，它反映了系统误差与偶然误差综合的大小。

1.2　实验数据的有效数字及计数法

1.2.1　有效数字及运算

实验直接测量的数据或运算结果，总是以一定位数的数字来表达，到底用几位有效数字加以表示，是一件很重要的事情，学生容易这样认为：小数点后面的有效数字越多就越正确，或者运算结果保留位数越多就越准确，其实这是错误的想法，因为其一，数据中小数点的位置不决定准确度，而与所用单位大小有关，例如 568.2mm、56.82cm、0.5682m 这三个数据，其准确度相同，但小数点的位置却不同；其二，在实验测量中所用的仪器仪表只能做到一定的精度，一般只能记录到仪表最小刻度的十分之一。如上述的长度测量中，标尺的最小刻度是 1mm，其读数可以读到 0.1mm（估计值），故数据的有效数字是四位，其中三位是有效安全数字，一位是估计的，欠准的。

有效数字的运算规则如下。

(1) 加减法运算

各不同位数有效数相加减，其和或差的有效数字等于其中位数最小的一个。

(2) 乘除法运算

乘积或商的有效数字，其位数与各乘、除法中有效位数最少的相同。

(3) 乘方及开方运算

乘方及开方后的有效位数与其底数相同。

(4) 对数运算

对数的有效数字位数应与其真数相同。

(5) 计算平均值

四个数以上平均值的计算，其有效位数可较各数据中最小有效位数多一位。

1.2.2 科学计数法

在科学与工程中，为了清楚地表达有效数字或数据的精确度，可将有效数字写出，并在第一个有效数字后面加上小数点，而数值的数量级由10的整数幂来确定，这种以10的整数幂来计数的方法称为科学计数法。例如，0.0028可写为2.8×10^{-3}，8800可写为8.8×10^{3}（有效数字有两位），或8.80×10^{3}（有效数字有三位)。这种计数法的特点是小数点前面永远是一位非零数字，“×”号前面的数字都是有效安全数字，这样，有效位数就一目了然，而且便于运算。

1.3 简单运算中的误差传递

在实验研究中，有些物理量往往不能直接测量，必须有若干个直接测量值，按一定的函数关系式计算求得，因而需要各直接测量值的误差去计算间接测量值的误差，这就是误差传递问题。

设有一间接测量值，是直接测量值$x_1, x_2, \cdots, x_n$的函数：

$$y=f(x_1, x_2, \cdots, x_n)$$

设Δx_1、Δx_2、…、Δx_n分别表示测量值x_1、x_2、…、x_n的绝对误差，Δy表示由Δx_1、Δx_2、…、Δx_n引起的y的绝对误差，则

$$y+\Delta y=f(x_1+\Delta x_1, x_2+\Delta x_2, \cdots, x_n+\Delta x_n)$$

将上式右边泰勒级数展开，并略去二阶以上的量，即可以得绝对误差Δy的表示式：

$$\Delta y=\frac{\partial f}{\partial x_1}\Delta x_1+\frac{\partial f}{\partial x_2}\Delta x_2+\cdots+\frac{\partial f}{\partial x_n}\Delta x_n$$

或

$$\Delta y=\sum_{i=1}^{n}\frac{\partial f}{\partial x_i}\Delta x_i$$

它的极限误差为：

$$\Delta y = \sum_{i=1}^{n} \left| \frac{\partial f}{\partial x_i} \Delta x_n \right|$$

式中，$\frac{\partial f}{\partial x_i}$ 称为误差传递系数，说明 Δy 不仅取决于误差本身，还取决于误差传递系数。

函数的相对误差为：

$$e_r = \frac{\Delta y}{y} = \sum_{i=1}^{n} \left| \frac{\partial f}{\partial x_i} \times \frac{\Delta x_i}{y} \right|$$

函数的标准误差：

$$\sigma = \sqrt{\sum_{i=1}^{n} \left(\frac{\partial f}{\partial x_i} \right)^2 \sigma_i^{\ 2}}$$

1.4 实验数据处理

在整个实验过程中，实验数据处理是一个重要的环节，目的是将实验中获得的大量数据整理成各变量之间的定量关系。实验数据中各变量的关系可表示为列表式、图示式和函数式三种。

(1) 列表式

列表式将实验数据制成表格。它显示了各变量的对应关系，反映出变量之间的变化规律。它是标绘曲线的基础。

(2) 图示式

图示式将实验数据绘制成曲线。它客观地反映出变量之间的对应关系，为整理成数学模型提供必要的函数形式。

(3) 函数式

借助于数学方法将实验数据按一定函数形式整理成方程即数学模型的方法称为函数式。

第2章

测量仪表和测量方法

2.1 压力测量方法

化工生产过程和化工基础实验中经常要考察流体流动阻力、某处压力或真空度，均需要测量压力差。如离心泵性能实验中，需测泵进、出口处的压力；精馏塔或吸收塔需通过测量塔底与塔顶的压力来了解塔的操作情况等，由此可见压力的测量在化工基础实验中占有重要地位。下面简要介绍测压差仪表的种类、原理和使用方法，其结构部件及注意事项可参考有关书籍。

2.1.1 液柱式压差计

液柱式压差计是基于流体静力学原理设计的，其结构比较简单，精度较高。既可用于测量流体在某处的压力，也可测量两处的压力差。其基本形式包括 U 形管压差计、倒 U 形管压差计、单管压差计、斜管式压差计和 U 形管双指示液微差压差计。

以上压差计中，除单管压差计是将一端伸入管内测压点，另一端与大气相通外；其余压差计均为两端分别伸入管内两测压点进行压差测量的。

2.1.2 压力差传感器

依据组成结构的差异，压力差传感器主要包括应变片式压力差传感器、电容式压力传感器和压阻式压力传感器。其中应变片式压力差传感器灵敏度和精度均较高；电容式压力传感器灵敏度很高，特别适用于低压和微压测试；压阻式压力传感器精度很高且测压范围宽。

2.2 流量测量方法

流量计的种类较多，按照其结构及工作原理，主要分为节流式流量计、面积式流量计和速度式流量计，以下简要介绍其种类、工作原理和使用方法，关于其结构部件及注意事项可参考有关书籍。

2.2.1 节流式流量计

此类流量计是利用流体流经节流装置时产生压力差来实现流量测量的，故又称为差压流量计。主要包括孔板流量计、文丘里流量计和喷嘴。使用时将其安装于管路的中间某一位置，且必须注意节流件的安装方向、前后的直管段长度、流体充满管路、流量稳定及取压方法等问题。当被测流体的密度与标定用的流体密度不同时，必须对刻度值进行换算。如果和设计计算的流体密度不同时，应对流量和压差关系进行修正。

2.2.2 面积式流量计

此类流量计测量某种流体流量时，流量仪与其环隙面积或转子悬浮的高度有关，因此属于面积式流量计，并以转子流量计为代表。使用时，必须垂直安装于管路中。

2.2.3 速度式流量计

主要有涡轮流量计和毕托管流速计两种。前者是利用涡轮的转速和流速成正比，通过变送器和显示仪而获得流量示值的，因其测量精度高可作为校验其他流量计的标准计量仪表。后者则是用来测定导管中流体的点速度或速度分布的。使用时，二者均应水平安装于管路当中。

2.3 温度测量方法

温度是表征物体冷热程度的物理量。温度不能直接测量，只能借助于冷、热物体之间的热交换，以及物体的某种物理性质随冷热程度不同而变化的特性进行间接测量。任意选择某一物体与被测物体相接触，物体之间发生热交换，即热量将由高温的物体向低温的物体传递。若接触时间充分长，两物体会达到热平衡状态，此时，选择物体的温度和被测物体的温度相等。通过测量选择物体的温度，便可以定量地给出被测物体的温度值，从而实现被测物体的温度测量。

按测温原理和物体的物理性质不同，有以下几种常用的温度测量仪表。

(1) 热膨胀式温度计

物体的体积随温度的变化而变化，如固体的热膨胀、液体的热膨胀以及气体的热膨胀等。

(2) 电阻式温度计

依据导体或半导体受热后电阻发生变化来实现温度测量。

(3) 热电效应温度计

不同材质导线连接的闭合回路，两接点的温度如果不同，回路内就产生热电动势。

第3章

流体流动综合实验

实验 1　流体阻力及离心泵相关实验

一、实验目的

1. 通过实验理解直管阻力损失和局部阻力损失。

2. 理解并掌握流体流经直管时摩擦系数 λ 与雷诺数 Re 的关系。

3. 通过实验理解离心泵的工作原理和操作方法，并能绘制泵的特性曲线。

4. 了解离心泵串、并联的特点。

二、实验原理

1. 流体流动阻力

流体在管路中流动时，由于内摩擦力和涡流的存在，不可避免地引起流体能量的损失。其损失主要有直管阻力损失和局部阻力损失。

(1) 直管阻力损失

流体在水平等径直管中稳定流动时，其阻力损失为：

$$h_f=\frac{\Delta p_f}{\rho}=\frac{p_1-p_2}{\rho}=\lambda\frac{1}{d}\times\frac{u^2}{2} \tag{3-1}$$

$$\lambda=\frac{2d\Delta p_f}{\rho l u^2} \tag{3-2}$$

式中　h_f——单位质量流体流经 lm 直管的机械能损失，J/kg；

Δp_f——流体流经 lm 直管的压降，Pa；

λ——直管阻力摩擦系数，量纲为 1；

d——直管内径，m；

ρ——流体密度，kg/m^3；

l——直管长度，m；

u——流体在管内流动的平均流速，m/s。

层流时，

$$\lambda=\frac{64}{Re} \tag{3-3}$$

$$Re=\frac{du\rho}{\mu} \tag{3-4}$$

式中　Re——雷诺数，量纲为 1；

μ——流体黏度，Pa·s。

湍流时 λ 既随雷诺数 Re 变化，又随相对粗糙度 $\left(\frac{\varepsilon}{d}\right)$ 变化，情况较复杂，需

由实验确定。

由式(3-2)可知，欲测定λ，需确定l、d、ρ、μ，并测定Δp_f、u等参数。l、d为装置参数（表格中给出），ρ、μ通过测定流体温度，再查相关手册而得，u可通过测定流体流量，再由流量方程计算得到。采用U形管液柱压差计得：

$$\Delta p_f=(\rho_0-\rho)gR \tag{3-5}$$

式中　R——液柱高度，m；

ρ_0——指示液密度，kg/m^3。

根据实验装置结构参数l、d，指示液密度ρ_0，流体温度t（用于查取流体物性ρ、μ）及实验时测定的流量V_s、液柱压差计的读数R，通过式(3-5)确定Δp_f、式(3-4)确定Re，用式(3-2)求取λ，再将Re和λ关系标绘在双对数坐标图上，从而揭示出不同流动形态的$\lambda-Re$关系。

(2) 局部阻力损失

局部阻力损失是流体通过管件、阀门时因流体运动方向和速度大小改变而引起的机械能损失。通常有两种计算方法，即当量长度法和阻力系数法。

① 当量长度法　将流体流过某管件或阀门时造成的机械能损失折合成与某一长度的同直径管道所产生的机械能损失相当，该折合的管道长度称为当量长度，用符号l_e表示。这样，就可以用直管阻力的公式来计算局部阻力损失，而且在管路计算时可将管路中的直管长度与管件、阀门的当量长度之和称为计算长度$l+\sum l_e$，则流体在管路中流动时的总机械能损失$\sum h_f$为：

$$\sum h_f=\lambda\frac{l+\sum l_e}{d}\times\frac{u^2}{2} \tag{3-6}$$

② 阻力系数法　将流体通过某一管件或阀门时的机械能损失表示为流体动能的某一倍数，称这种计算方法为阻力系数法，即

$$h_f'=\frac{\Delta p'}{\rho g}=\xi\frac{u^2}{2} \tag{3-7}$$

故

$$\xi=\frac{2\Delta p'}{\rho g u^2} \tag{3-8}$$

式中　h_f'——局部能量损失，J/kg；

ξ——局部阻力系数，量纲为1；

$\Delta p'$——局部阻力压降，Pa（本装置中，所测得的压降应扣除两测压口间直管段的压降，直管段的压降由直管阻力实验结果求取）；

ρ——流体密度，kg/m^3；

g——重力加速度，$9.81m/s^2$；

u——流体在小截面管路中的平均流速，m/s。

待测管件和阀门由现场指定。本实验采用阻力系数法表示管件或阀门的局部阻力损失。

根据连接管件或阀门两端管径中小管的直径d、指示液密度ρ_0、流体温度t（查流体物性ρ、μ）及实验时测定的流量、液柱压差计的读数R，通过式(3-7)

和式(3-8) 求取管件或阀门的局部阻力系数。

2. 离心泵特性曲线

离心泵是化工生产中应用最广泛的一种液体输送设备。它的主要性能参数包括流量 Q、泵的扬程 H、轴功率 N 及效率 η，这些参数之间存在着一定的关系，以曲线形式表示出来即为离心泵的特性曲线。离心泵的特性曲线是选择和使用离心泵的重要依据。由于泵内部流动情况复杂，不能用理论方法推导出泵的特性曲线，只能通过实验测定。

(1) 扬程 H 的测定

以离心泵进口真空表和出口压力表处为 1、2 两截面，列伯努利方程：

$$z_1+\frac{p_1}{\rho g}+\frac{{u_1}^2}{2g}+H=z_2+\frac{p_2}{\rho g}+\frac{{u_2}^2}{2g}+\sum H_f \tag{3-9}$$

由于两截面间的管长较短，通常可忽略阻力项 $\sum H_f$，速度平方差很小也可忽略，则有

$$H=(z_2-z_1)+\frac{p_2-p_1}{\rho g} \tag{3-10}$$

$$=H_0+\frac{p_{表}+p_{真}}{\rho g} \tag{3-11}$$

式中　$H_0=z_2-z_1$，表示泵出口和进口间的高度差，m；

ρ——流体密度，kg/m^3；

g——重力加速度，m/s^2；

p_1、p_2——泵进、出口的真空度和表压，Pa；

$p_{表}$、$p_{真}$——压力表和真空表的读数，Pa；

u_1、u_2——泵进、出口的流速，m/s；

z_1、z_2——真空表、压力表的安装高度，m。

实验中，只要直接读出真空表和压力表的读数，测定出两表的安装高度差，就可计算出泵的扬程。

(2) 轴功率 N 的测量与计算

离心泵的轴功率是指泵轴所需的功率，也就是电机直接传递给泵轴的功率大小。

$$N=N_{电}\ k\quad (W) \tag{3-12}$$

式中，$N_{电}$ 为电功率表显示值；k 代表电机传动效率，可取 $k=0.95$。

(3) 效率 η 的计算

泵的效率 η 是泵的有效功率 N_e 与轴功率 N 之比。

$$\eta=\frac{N_e}{N}\times 100\% \tag{3-13}$$

其中

$$N_e=HQ\rho g \tag{3-14}$$

故泵效率为

$$\eta=\frac{HQ\rho g}{N}\times 100\% \tag{3-15}$$

三、实验装置与流程

图 3-1 为流体综合实验装置流程示意图。

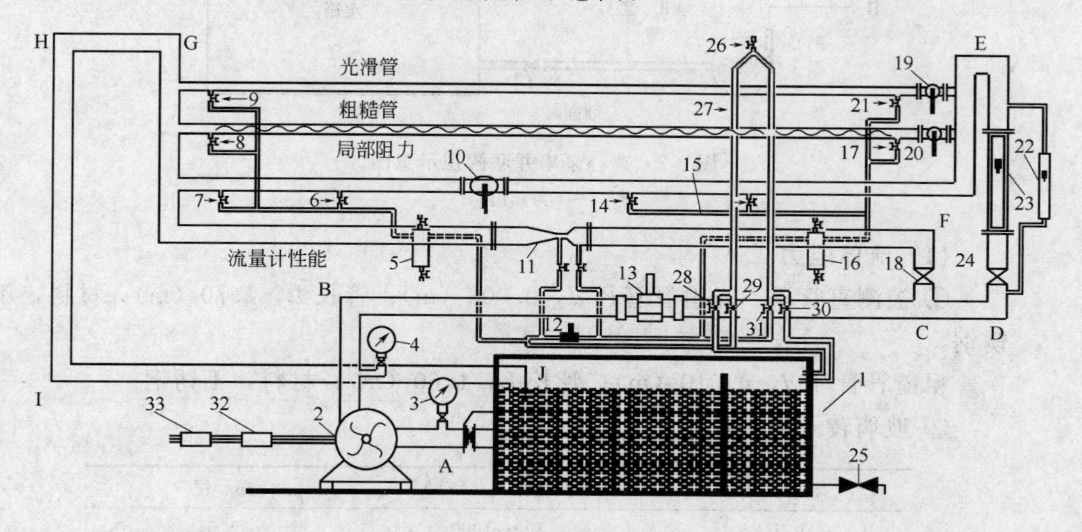

图 3-1 流体综合实验装置流程示意图

1—水槽；2—水泵；3—入口真空表；4—出口压力表；5,16—缓冲罐；6,14—测局部阻力近端阀；7,15—测局部阻力远端阀；8,17—粗糙管测压阀；9,21—光滑管测压阀；10—局部阻力阀；11—文丘里流量计；12—压力传感器；13—涡轮流量计；18—光滑管阀；19,24—阀门；20—粗糙管阀；22—小流量计；23—大流量计；25—水箱放水阀；26—倒 U 形管放空阀；27—倒 U 形管；28,30—倒 U 形管排水阀；29,31—倒 U 形管平衡阀；32—功率表；33—变频调速器

1. 实验流程

(1) 流体阻力的测量

水泵 2 将储水槽 1 中的水抽出，经转子流量计 22、23 测量流量，然后送入被测直管段测量流体流动的阻力，经回流管流回储水槽 1。被测直管段流体流动阻力 ΔP 可根据其数值大小分别采用变送器或空气—水倒置 U 形管来测量。流动路线为 A→B→C→D→E→G→H→I→J。

(2) 流量计、离心泵性能的测定

水泵 2 将水槽 1 内的水输送到实验系统，用流量调节阀 18 调节流量，流体经涡轮流量计 13 计量流量。同时测量文丘里流量计两端的压差，离心泵进出口压力、离心泵电机输入功率。流动路线为 A→B→C→F→G→H→I→J。

(3) 管路特性曲线的测量

整体流程如图 3-1 所示。

流量调节阀 18 调节流量到某一位置，改变电机频率，记录涡轮流量计的流量，泵入口真空度，泵出口压力。流动路线为 A→B→C→F→G→H→I→J。

(4) 离心泵串并联性能的测定

离心泵串并联流程示意图，如图 3-2 所示。

2. 设备及仪表规格

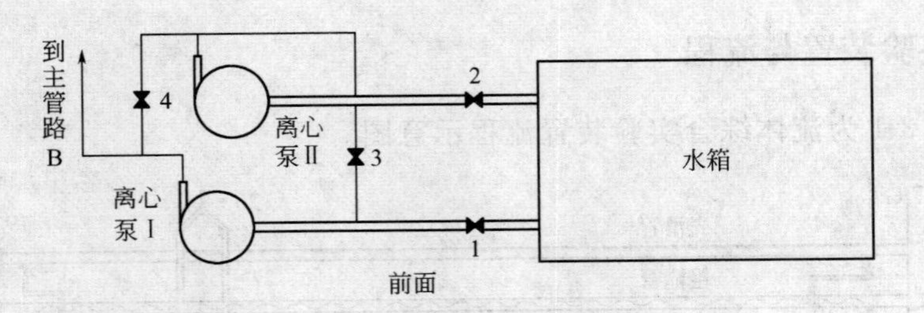

图 3-2　离心泵串并联俯视示意图

1～4 为阀门

(1) 流体阻力

① 被测直管段　光滑管管径 d，0.008（m）；管长 L，1.70（m）；材料，不锈钢。

粗糙管管径 d，0.010（m）；管长 L，1.60（m）；材料，不锈钢。

② 玻璃转子流量计

型　号	测量范围/(L/h)	精　度
LZB-25	100～1000	1.5
LZB-10	10～100	2.5

③ 压差传感器　型号：LXWY，测量范围：0～200kPa。

④ 数显表　型号：PD139，测量范围：0～200kPa。

⑤ 离心泵　型号 WB70/055，流量 20～200L/h，扬程 19～13.5m，电机功率 550W，电流 1.35A，电压 380V。

(2) 流量计测量

文丘里流量计：文丘里喉径 0.020m，实验管路管径 0.045m。

(3) 离心泵

① 离心泵：流量 $Q=4m^3/h$，扬程 $H=8m$，轴功率 $N=168W$。

② 真空表测压位置管内径 $d_1=0.025m$。

③ 压力表测压位置管内径 $d_2=0.045m$。

④ 真空表与压力表测压口之间的垂直距离 $H_0=0.355m$。

⑤ 电机效率：60%。

⑥ 流量测量：涡轮流量计。

⑦ 功率测量：功率表型号为 PS-139，精度 1.0 级。

⑧ 泵吸入口真空度的测量：

真空表，表盘直径 100mm，测量范围－0.1～0MPa，精度 1.5 级。

⑨ 泵出口压力的测量

压力表，表盘直径 100mm，测量范围 0～0.25MPa，精度 1.5 级。

(4) 变频器

型号为 N2-401-H，规格：0～50Hz。

(5) 数显温度计

型号为501BX。

四、实验步骤

1. 流体阻力的测量

(1) 向储水槽内注满蒸馏水。

(2) 首先将全部阀门关闭，打开总电源开关，打开图3-2阀门1后，用变频调速器启动离心泵Ⅰ。将阀门图3-1中24打开，在大流量状态下把实验管路中的气泡赶出。

(3) 打开图3-1中阀门19，作光滑管阻力实验。当流量为零时打开9、21两个阀门，空气-水倒置U形管内两液柱的高度差不为零，则说明系统内有气泡存在，需赶净气泡方可测取数据。

赶气泡的方法：将流量调至较大，排出导压管内的气泡，直至排净为止。关闭29、31两阀门，打开倒置U形管上部的放空阀26，分别慢慢打开28、30两阀门，使倒置U形管液柱降至中部即可，使管内形成气-水柱，此时在流量为零时打开9、21两阀门，管内液柱高度差应为零。若不为零导压管内存在气泡，应重新赶气泡。

(4) 在流量稳定的情况下，测得直管阻力压差。数据顺序可从大流量至小流量，反之也可。一般测15～20组数，建议当流量读数小于200L/h时，只用空气-水倒置U形管测压差。

(5) 粗糙管阻力压差测定，将阀门19关闭，打开阀门20，其余测量方法同上。

(6) 局部阻力测定，将阀门20关闭，打开阀门10，其余测量方法同上。

(7) 待数据测量完毕，关闭流量调节阀，切断电源。

2. 流量计性能测定

(1) 将全部阀门关闭。打开总电源开关，打开图3-2中阀门1后，用变频调速器启动离心泵Ⅰ。

(2) 缓慢打开调节阀18至全开。待系统内流体稳定，即系统内已没有气体，打开文丘里流量计导压管开关，在涡轮流量计流量稳定的情况下，测得文丘里流量计两端压差。

(3) 测取数据的顺序可从最大流量至零，或反之。一般测15～20组数据。

(4) 每次测量应记录：涡轮流量计流量、文丘里流量计两端压差及流体温度。

3. 离心泵性能测定

(1) 首先将全部阀门关闭。打开总电源开关，打开图3-2中阀门1后，用变频调速器启动离心泵Ⅰ（单泵操作）。

(2) 缓慢打开调节阀18至全开。待系统内流体稳定，即系统内已没有气体，打开压力表4和真空表3的开关，方可测取数据。

(3) 测取数据的顺序可从最大流量至零，或反之。一般测15～20组数据。

(4) 每次测量同时记录：涡轮流量计流量、压力表、真空表、功率表的读数及流体温度。

(5) 两泵串联：关闭图 3-2 中阀门 1，4，打开阀门 2，3。同时启动离心泵Ⅰ、Ⅱ，实验数据测量同前。

(6) 两泵并联：关闭图 3-2 中阀门 3，打开阀门 1，2，4。同时启动离心泵Ⅰ、Ⅱ，实验数据测量同前。

五、注意事项

1. 在实验过程中每调节一次流量之后，应待流量和直管压降的数据稳定以后方可记录数据。要仔细阅读仪表说明书。

2. 若较长时间内不做实验，放掉系统内及储水槽内的水。

3. 启动离心泵前，关闭压力表和真空表的开关，以免损坏测压表。

4. 离心泵启动前必须灌水。

六、实验报告

1. 用双对数坐标纸绘出 λ-Re 的关系曲线（相关数据记录及处理表格见附录 1）。

2. 写出典型数据的计算过程，并分析和讨论实验现象。

3. 作出离心泵单泵的特性曲线和管路特性曲线。

七、思考题

1. 如何检验管路系统中的空气是否被排尽？

2. U 形管压差计的零位如何校正？

3. 为什么启动离心泵时要关闭离心泵的出口阀门和功率表的开关？

4. 用水做介质测得的 λ-Re 曲线如何应用于其他液体？

实验 2　计算机控制流体阻力测定

一、实验目的

1. 了解计算机监控界面及其对实验过程的控制。

2. 会利用计算机采集实验数据，并能绘制实验曲线。

3. 通过实验进一步了解产生流动阻力的原因。

二、基本原理

流体在水平等径的直管中流动时，流动阻力损失等于两截面上的静压能之差。即

$$h_f=\frac{\Delta p}{\rho}=\frac{p_1-p_2}{\rho}=\lambda\frac{l}{d}\times\frac{u^2}{2} \tag{3-16}$$

$$\lambda=\frac{2d\Delta p}{\rho l u^2} \tag{3-17}$$

$$Re=\frac{du\rho}{\mu} \tag{3-18}$$

$$u=\frac{4V_s}{\pi d^2} \tag{3-19}$$

式中　V_s——流体流动时的体积流量，m^3/s；

　　d——管子的直径，m。

其中，Δp 和 V_s 由实验测得，其他参数参照前面的值，然后计算出对应的 λ 和 Re，最后得到一系列的 λ-Re 实验点，从而绘出 λ-Re 曲线。

三、实验装置与流程

实验系统是由贮水箱、离心泵、不同管径和材质的水管、各种阀门、管件、涡轮流量计等组成。管路部分有三段并联的长直管。测定局部阻力部分使用不锈钢管，其上装有待测管件（闸阀）；光滑管直管阻力的测定同样使用内壁光滑的不锈钢管，而粗糙管直管阻力的测定对象为管道内壁较粗糙的镀锌管。水的流量

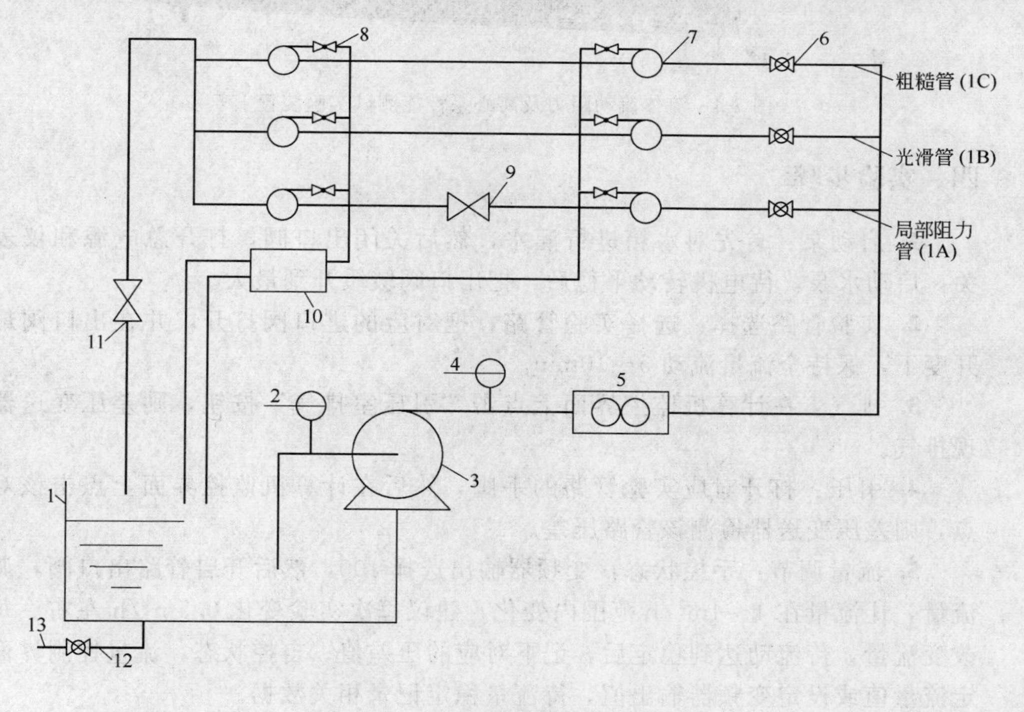

图 3-3　实验装置流程示意图

1—水箱；2—进口压力表；3—离心泵；4—出口压力表；5—涡轮流量计；
6—开启管路球阀；7—均压环；8—连接均压环和压力变送器球阀；
9—局部阻力管上的闸阀；10—压力变送器；11—出水管路闸阀；12—水箱放水阀；13—宝塔接头

使用涡轮流量计测量，管路和管件的阻力采用差压变送器将差压信号传递给无纸记录仪。流程见图 3-3，装置及相关参数见图 3-4 和表 3-1。

表 3-1 装置参数

名称	材质	管路号	管内径	测量段长度/cm
局部阻力管	闸阀	1A	20.0	95
光滑管	不锈钢管	1B	20.0	100
粗糙管	镀锌铁管	1C	21.0	100

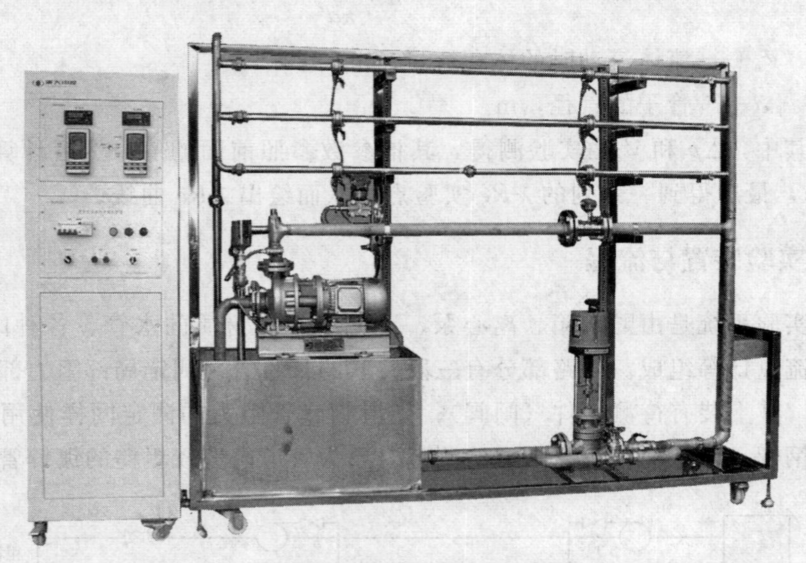

图 3-4 流体流动阻力及离心泵性能测试实验装置

四、实验步骤

1. 启动泵：首先对水箱进行灌水，然后关闭出口阀，打开总电源和仪表开关，启动水泵，待电机转动平稳后，把出口阀缓缓开到最大。

2. 实验管路选择：选择实验管路，把对应的进口阀打开，并在出口阀最大开度下，保持全流量流动 5～10min。

3. 排气：在计算机监控界面上点击“引压室排气”按钮，则差压变送器实现排气。

4. 引压：打开对应实验管路的手阀，然后在计算机监控界面上点击该对应点，则差压变送器检测该管路压差。

5. 流量调节：手控状态，变频器输出选择 100，然后开启管路出口阀，调节流量，让流量在 1～4m^3/h 范围内变化，建议每次实验变化 0.5m^3/h 左右。每次改变流量，待流动达到稳定后，记下对应的压差值；自控状态，流量控制界面设定流量值或设定变频器输出值，待流量稳定记录相关数据。

6. 实验结束：关闭出口阀，关闭水泵和仪表电源，清理装置。

五、实验报告

1. 在双对数坐标纸上绘制粗糙管 λ-Re 曲线（相关数据记录及处理表格参见

附录1）。

2. 计算闸阀（全开）的阻力系数。

六、思考题

1. 用水做介质测得的λ-Re曲线如何应用于其他液体？

2. 影响λ值测量准确度的因素有哪些？

实验3　计算机控制离心泵的性能测定

一、实验目的

1. 了解计算机监控界面及其对实验过程的控制。

2. 会利用计算机采集实验数据，并能绘制实验曲线。

3. 掌握离心泵性能参数的测定方法。

二、实验原理

实验原理参见实验1中离心泵特性曲线相关论述。

三、实验装置与流程

实验装置流程示意见图3-5。

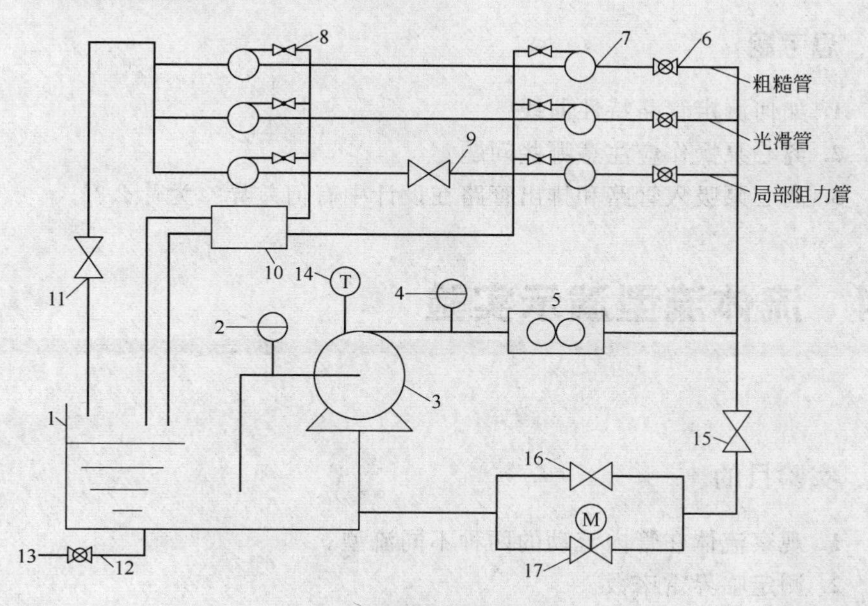

图3-5　实验装置流程示意图

1—水箱；2—进口压力表；3—离心泵；4—出口压力表；5—涡轮流量计；6—开启管路球阀；7—均压环；8—连接均压环和压力变送器球阀；9—局部阻力管上的闸阀；10—压力变送器；11—出水管路闸阀；12—水箱放水阀；13—宝塔接头；14—温度传感器；15—泵的管路阀；16—旁路阀；17—电动调节阀

四、实验步骤

1. 清洗水箱，并加装实验用水。给离心泵灌水，排出泵内气体。

2. 检查电源和信号线是否与控制柜连接正确，检查各阀门开度和仪表情况，试开状态下检查电机和离心泵是否正常运转。

3. 实验时，逐渐打开调节阀以增大流量，待各仪表读数显示稳定后，读取相应数据（离心泵特性实验部分主要获取实验参数为：流量 Q、泵进口压力 p_1、泵出口压力 p_2、电机功率 $N_{电}$、泵转速 n、流体温度 t 和两测压点间高度差 H_0）。

4. 测取 10 组左右数据后，可以停止泵，同时记录下设备的相关数据（如离心泵型号，额定流量、扬程和功率等）。

五、注意事项

1. 实验前对泵进行灌泵操作，以防止气缚现象发生。同时注意定期对泵进行保养，防止叶轮被固体颗粒损坏。

2. 泵运转过程中勿触碰泵主轴部分，因其高速转动会缠绕并伤害身体接触部位。

六、实验报告

1. 整理实验数据，计算离心泵相关性能参数（相关数据记录及处理表格参见附录 1）。

2. 绘制离心泵特性曲线。

七、思考题

1. 如何测定管路特性曲线？
2. 离心泵操作应注意哪些问题？
3. 离心泵吸入管路和排出管路在设计中有何差异？为什么？

实验 4　流体流型演示实验

一、实验目的

1. 观察流体在管内流动的两种不同流型。
2. 测定临界雷诺数。

二、基本原理

1. 流体流动型态

流体流动型态分为层流和湍流。

2. 流体流动型态的特点

(1) 层流 流体质点作平行于管轴的直线运动，在径向上无脉动。

(2) 湍流 流体质点除沿管轴方向作向前运动外，还存在径向扰动，从而在宏观上显示出紊乱地向各个方向作不规则的运动。

3. 流体流动型态的理论判据

雷诺数（Re）的表达式如下：

$$Re=\frac{du\rho}{\mu} \tag{3-20}$$

式中 Re——雷诺数，量纲为1；

d——管子内径，m；

u——流体在管内的平均流速，m/s；

ρ——流体密度，kg/m^3；

μ——流体黏度；Pa·s。

(1) 层流：$Re\leqslant 2000$；

(2) 湍流：$Re>4000$；

(3) 过渡状态（层流或湍流）：$2000\leqslant Re\leqslant 4000$。

注意：本实验流体温度一定且在特定的圆管内流动，因此，雷诺数仅与流体流速有关。即通过改变流体在管内的速度，观察在不同雷诺数下流体的流动型态。

三、实验装置与流程

实验前，先将水充满低位贮水槽，关闭流量计后的调节阀，然后启动循环水

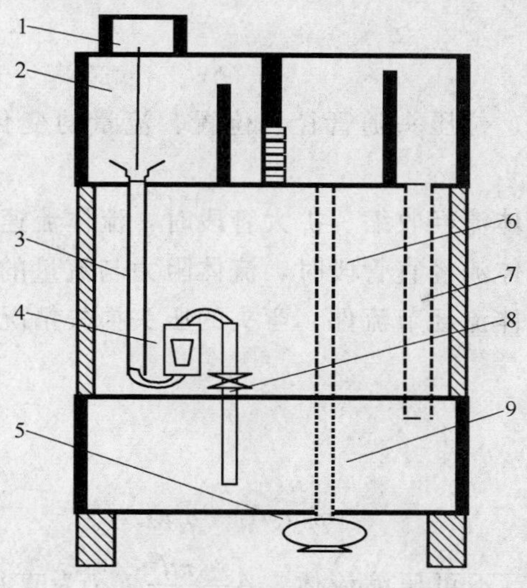

图 3-6 流体流型演示实验装置

1—着色水储槽；2—溢流稳压槽；3—实验管；4—转子流量计；5—循环泵；6—上水管；7—溢流回水管；8—调节阀；9—储水槽

泵。待水充满稳压溢流水槽后，开启流量计后的调节阀。水由稳压溢流水槽流经缓冲槽、实验管和流量计，最后流回低位贮水槽。水流量的大小，可由流量计和调节阀调节。流体流型演示实验装置见图 3-6。

四、演示操作

1. 层流流动型态

实验时，先少许开启调节阀，将流速调至所需要的值。再调节红墨水贮瓶的下口旋塞，并作精细调节，使着色水的注入流速与实验管中主体流体的流速相适应，一般略低于主体流体的流速为宜。待流动稳定后，记录主体流体的流量。此时，在实验管的轴线上，就可观察到一条平直的有色细流，好像一根拉直的有色线一样。

2. 湍流流动型态

缓慢地加大调节阀的开度，使水流量平稳地增大，实验管内的流速也随之平稳地增大。此时可观察到，实验管轴线上呈直线流动的有色细流，开始发生波动。随着流速的增大，有色细流的波动程度也随之增大，最后断裂成一段段的红色细流。当流速继续增大时，着色水进入实验管后立即呈雾状分散在整个导管内，进而迅速与主体水流混为一体，使整个管内流体染色，以致无法辨别着色水的流线。

实验 5　机械能转化演示实验

一、实验目的

1. 观测动、静、位压头随管径、位置、流量的变化情况，验证连续性方程和柏努利方程。

2. 定量考察流体流经收缩、扩大管段时，流体流速与管径的关系。

3. 定量考察流体流经直管段时，流体阻力与流量的关系。

4. 定性观察流体流经节流件、弯头的压头损失情况。

二、基本原理

1. 连续性方程

$$\rho_1 u_1 A_1 = \rho_2 u_2 A_2 \tag{3-21}$$

对圆管中均质、不可压缩流体，$A=\frac{\pi d^2}{4}$（d 为直径），又因 $\rho_1=\rho_2=$常数，则上式可化为

$$u_1 d_1^2 = u_2 d_2^2 \tag{3-22}$$

2. 机械能衡算方程

$$z_1+\frac{u_1^2}{2g}+\frac{p_1}{\rho g}+h_e=z_2+\frac{u_2^2}{2g}+\frac{p_2}{\rho g}+h_f \tag{3-23}$$

式中 z——位头；

$\frac{u^2}{2g}$——动压头（速度头）；

$\frac{p}{\rho g}$——静压头（压力头）；

h_e——外加压头；

h_f——压头损失。

(1) 理想流体的柏努利方程　理想流体的 $h_f=0$，若此时又无外功加入，则机械能衡算方程变为：

$$z_1+\frac{u_1^2}{2g}+\frac{p_1}{\rho g}=z_2+\frac{u_2^2}{2g}+\frac{p_2}{\rho g} \tag{3-24}$$

该式表明，理想流体在流动过程中，总机械能保持不变。

(2) 若流体静止，则 $u=0$，$h_e=0$，$h_f=0$，于是机械能衡算方程变为：

$$z_1+\frac{p_1}{\rho g}=z_2+\frac{p_2}{\rho g} \tag{3-25}$$

该式即为流体静力学方程，可见流体静止状态是流体流动的一种特殊形式。

三、实验装置与流程

1. 实验装置

机械能转化演示实验装置见图 3-7。

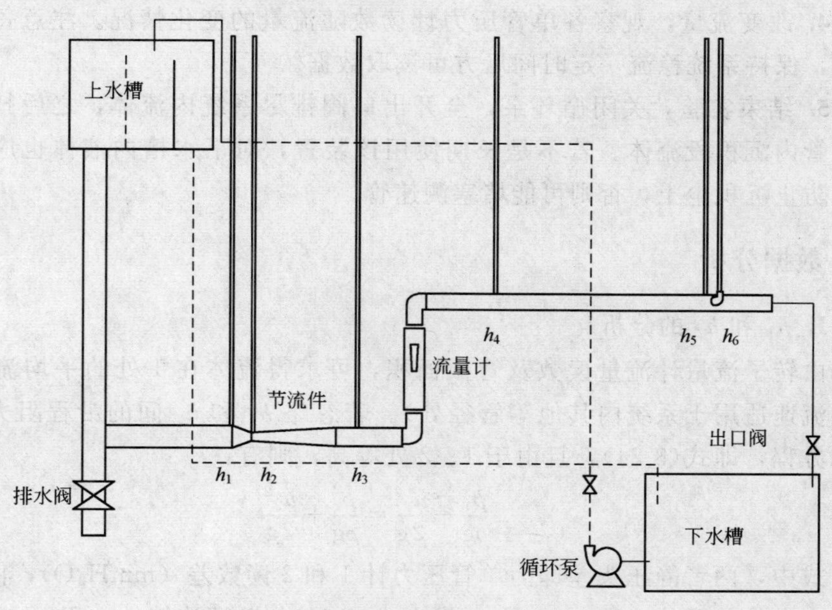

图 3-7　机械能转化演示实验装置

h_1～h_6—单管压力计

管路内径：30mm；节流件变截面处管内径：15mm。

单管压力计 1 和 2 可用于验证变截面连续性方程；

单管压力计 1 和 3 可用于比较流体经节流件后的能头损失；

单管压力计 3 和 4 可用于比较流体经弯头和流量计后的能头损失及位能变化情况；

单管压力计 4 和 5 可用于验证直管段雷诺数与流体阻力系数关系；

单管压力计 6 与 5 用于测定单管压力计 5 处的中心点速度。

2. 操作流程

上水槽水在重力作用下以一定的流量依次流经五个单管压力计，分别测定流体的能量变化规律，流经最右侧单管压力计时可测定流体中心点的速度，之后流入下水槽内，最后通过循环泵将水重新打入上水槽而循环使用，注意观察并记录单管压力计的变化情形。

四、演示操作

1. 实验开始前，先清洗整个管路系统。即使管内流体流动数分钟，检查阀门、管段有无堵塞或漏水情况。

2. 在下水槽中加满清水，保持管路排水阀、出口阀关闭状态，通过循环泵将水打入上水槽中，使整个管路中充满流体，并保持上水槽液位一定高度，可观察流体静止状态时各管段高度。

3. 通过出口阀调节管内流量，注意保持上水槽液位高度稳定（即保证整个系统处于稳定流动状态），并尽可能使转子流量计读数在刻度线上。观察记录各单管压力计读数和流量值。

4. 改变流量，观察各单管压力计读数随流量的变化情况。注意每改变一个流量，保持系统稳流一定时间后方可读取数据。

5. 结束实验，关闭循环泵，全开出口阀排尽系统内流体，之后打开排水阀排空管内沉积段流体。若不是长期使用该装置，对下水槽内液体也应作排空处理，防止沉积尘土，否则可能堵塞测速管。

五、数据分析

1. h_1 和 h_2 的分析

由转子流量计流量读数及管截面积，可求得流体在 1 处的平均流速 u_1（该平均流速适用于系统内其他等管径处）。若忽略 h_1 和 h_2 间的沿程阻力，适用柏努利方程，即式(3-24)，且由于 1、2 处等高，则有：

$$\frac{p_1}{\rho g}+\frac{u_1{}^2}{2g}=\frac{p_2}{\rho g}+\frac{u_2{}^2}{2g} \tag{3-26}$$

式中，两者静压头差即为单管压力计 1 和 2 读数差（mmH_2O），由此可求得流体在 2 处的平均流速 u_2。令 u_2 代入式(3-21)，验证连续性方程。

2. h_1 和 h_3 的分析

流体在1和3处，经节流件后，虽然恢复到了等管径，但是单管压力计1和3的读数差说明了能头的损失（即经过节流件的阻力损失）。且流量越大，读数差越明显。

3. h_3 和 h_4 的分析

流体经3到4处，受弯头和转子流量计及位能的影响，单管压力计3和4的读数差明显，且随流量的增大，读数差也变大，可定性观察流体局部阻力导致的能头损失。

4. h_4 和 h_5 的分析

直管段4和5之间，单管压力计4和5的读数差说明了直管阻力的存在（小流量时，该读数差不明显，具体考察直管阻力系数的测定可使用流体阻力装置）。

根据

$$h_f=\lambda \frac{l}{d}\times\frac{u^2}{2g} \tag{3-27}$$

可推算得阻力系数，然后根据雷诺数，作出两者关系曲线。

5. h_5 和 h_6 的分析

单管压力计5和6之差指示的是5处管路的中心点速度，即最大速度 u_c，有

$$\Delta h=\frac{u_c^2}{2g} \tag{3-28}$$

考察在不同雷诺数下，与管路平均速度 u 的关系。

第4章

传热综合实验

实验 6　空气-水蒸气对流传热实验

一、实验目的

1. 掌握普通套管换热器对流传热系数的测定方法，加深其概念和影响因素的理解。并应用线性回归分析方法，确定特征数关联式 $Nu=ARe^{m}Pr^{0.4}$ 中常数 A、m 的值。

2. 通过强化套管换热器的实验研究，测定其特征数关联式 $Nu=BRe^{m}$ 中常数 B、m 的值和强化比 Nu/Nu_0，了解强化传热的基本理论和方式。

二、实验原理

由于影响对流传热系数的因素很多，要建立一个通式来求各种条件下的对流传热系数是很困难的。目前常用量纲分析法，将有关的影响因素组合成量纲为 1 的准数，然后再用实验确定这些特征数间的关系，从而得到不同情况下计算对流传热系数的特征数关联式。本实验采用套管换热器，水蒸气在套管环隙中流动，空气在内管中流动，通过水蒸气冷凝放热来加热空气。测定不同空气流量下空气在套管换热器中的进、出口温度及内管壁面温度，求得空气在管内的对流传热系数及特征数关联式。

1. 普通套管换热器

(1) 对流传热系数的测定

对流传热系数可以根据牛顿冷却定律，通过实验来测定。

$$\alpha_1=\frac{Q}{A_1\Delta t} \tag{4-1}$$

式中　α_1——管内空气对流传热系数，W/（m^2·℃）；

Q——传热速率，W；

A_1——管内传热面积，m^2；

Δt——内管内壁温度与内管空气温度的平均温度差，℃。

传热速率、传热面积及平均温度差的求取方法如下。

① 传热速率　传热速率可由下式确定：

$$Q=q_m C_p(t_2-t_1) \tag{4-2}$$

其中质量流量由下式求得：

$$q_m=\rho q_V \tag{4-3}$$

式中　q_m——空气的质量流量，kg/s；

C_p——空气的定压比热容，J/(kg·℃)；

t_1——空气的进口温度，℃；

t_2——空气的出口温度，℃；

q_V——空气在套管内的平均体积流量，m^3/s；

ρ——空气的密度，kg/m^3。

C_p和ρ可根据空气进、出口温度的算术平均值$t_m=\frac{t_1+t_2}{2}$查得。

② 传热面积　传热面积可由下式确定：

$$A_1=\pi d_1 l \tag{4-4}$$

式中　d_1——内管的内径，m；

l——内管测量段的长度，m。

③ 平均温度差　平均温度差可由下式确定：

$$\Delta t=t_W-\left(\frac{t_1+t_2}{2}\right) \tag{4-5}$$

式中　t_W——内管壁面平均温度，℃。

由于套管换热器内管为紫铜管，其热导率很大，且管壁很薄，故认为内壁温度、外壁温度和壁面平均温度近似相等，用t_W来表示。

(2) 对流传热系数特征数关联式的实验确定

空气在圆形直管中做强制湍流，被加热时的特征数关联式一般形式为：

$$Nu=ARe^m Pr^{0.4} \tag{4-6}$$

其中　$Nu=\frac{\alpha_1 d_1}{\lambda}$，　$Re=\frac{d_1 u\rho}{\mu}$，　$Pr=\frac{C_p\mu}{\lambda}$

式中　Nu——努塞尔数；

Re——雷诺数；

Pr——普兰特数；

u——空气在管内流动的平均流速，m/s，$u=\frac{q_V}{0.785d_1^2}$；

λ——空气的热导率，W/(m·℃)；

ρ——空气的密度，kg/m^3；

μ——空气的黏度，Pa·s；

C_p——空气的定压比热容，J/(kg·℃)。

空气的物性数据λ、ρ、μ及C_p根据空气进、出口温度的算术平均值t_m查得。

通过实验确定不同流量下的Nu、Re及Pr，然后用线性回归分析方法，确定特征数关联式$Nu=ARe^m Pr^{0.4}$中的常数A和m的值。

2. 强化套管换热器

强化传热的方法有许多种，本实验装置采用在换热器内管插入螺旋线圈的方法来强化传热。螺旋线圈由直径3mm以下的铜丝和钢丝按一定节距绕成。将金属螺旋线圈插入并固定在管内，即构成一种强化传热管。在传热管近壁区域，流体一面由于螺旋线圈的作用而发生旋转，一面还周期性地受到线圈的螺旋金属丝的扰动，因而可以使传热强化。由于绕制线圈的金属丝直径很细，流体旋流强度也较弱，所以阻力较小，有利于节省能源。螺旋线圈是以线圈节距与管内径的比值为主要技术参数，且节距与管内径比是影响传热效果和阻力系数的重要因素。

(1) 对流传热系数的测定

测定原理与普通套管换热器对流传热系数的测定原理相同。

(2) 对流传热系数特征数关联式的实验确定

科学家通过实验研究总结了形式为 $Nu=BRe^m$ 的经验公式，其中 B 和 m 的值因螺旋丝尺寸的不同而不同。

通过实验确定不同流量下的 Nu 与 Re，然后用线性回归分析方法，确定特征数关联式 $Nu=BRe^m$ 中的常数 B 和 m 的值。

(3) 强化比的测定

若不考虑阻力的影响，单纯研究强化手段的强化效果，可以用强化比的概念作为评判准则，它的形式是：Nu/Nu_0，其中 Nu 是强化管的努塞尔数，Nu_0 是同一流量下普通管的努塞尔数，显然，强化比 $Nu/Nu_0>1$，而且它的值越大，强化效果越好。

三、实验装置与流程

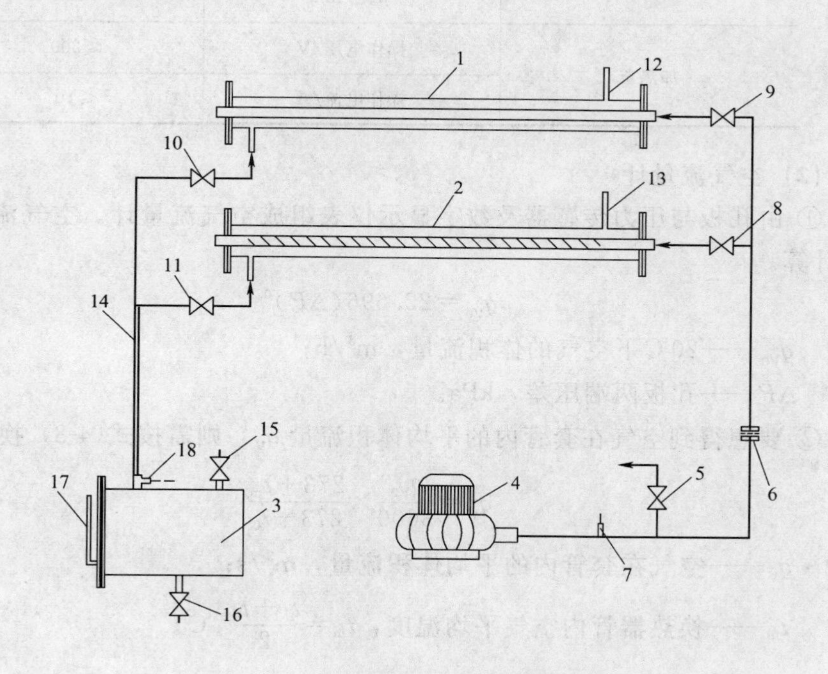

图 4-1　空气-水蒸气传热实验装置流程

1—普通套管换热器；2—内插有螺旋线圈的强化套管换热器；3—蒸汽发生器；4—旋涡气泵；5—旁路调节阀；6—孔板流量计；7—风机出口温度（空气入口温度）测试点；8，9—空气支路控制阀；10，11—蒸汽支路控制阀；12，13—蒸汽放空口；14—蒸汽上升主管路；15—加水口；16—放水口；17—液位计；18—冷凝液回流口

1. 实验流程

实验流程如图 4-1 所示，来自蒸汽发生器的水蒸气进入套管换热器环隙，与

来自风机的空气在套管换热器内进行热交换后，不凝性气体放空，冷凝水回流。冷空气经孔板流量计计量后，进入套管换热器内管，热交换后排出装置外。

2. 主要设备及仪表规格

(1) 设备主要参数

设备主要参数见表 4-1。

表 4-1　设备主要参数

项目		参数
实验内管内径/mm		20.0
实验内管外径/mm		22.0
实验外管内径/mm		50.0
实验外管外径/mm		57.0
测量段(紫铜内管)长度/m		1.00
强化内管内插物（螺旋线圈）尺寸	丝径/mm	1
	节距/mm	40
加热釜	操作电压/V	≤200
	操作电流/A	≤10

(2) 空气流量计

① 由孔板与压力传感器及数字显示仪表组成空气流量计。空气流量由式(4-7) 计算。

$$q_{V0}=22.696(\Delta P)^{0.5} \tag{4-7}$$

式中　q_{V0}——20℃下空气的体积流量，m^3/h；

ΔP——孔板两端压差，kPa。

② 要想得到空气在套管内的平均体积流量 q_V，则需按式(4-8) 换算。

$$q_V=\frac{q_{V0}}{3600}\times\frac{273+t_m}{273+t_0} \tag{4-8}$$

式中　q_V——空气在套管内的平均体积流量，m^3/s；

t_m——换热器管内空气平均温度，$t_m=\dfrac{t_1+t_2}{2}$,℃。

(3) 温度测量

① 空气的进、出口温度由电阻温度计测量，可由数字显示仪表直接读出。

② 内管壁面平均温度可由数字显示仪表直接读出。

(4) 电加热釜

电加热釜是产生水蒸气的装置，使用体积为 7L（加水至液位计的上端红线)，内装有一支 2.5kW 的螺旋形电热器，当水温为 30℃时，用 200V 电压加热，约 25min 后水便沸腾，为了安全和长久使用，建议最高加热（使用）电压不超过 200V（由固态调压器调节)。

(5) 气源（鼓风机）

又称旋涡气泵，XGB-2 型，由无锡市仪表二厂生产，电机功率约 0.75kW（使用三相电源），在本实验装置上，产生的最大和最小空气流量基本满足要求，使用过程中，输出空气的温度呈上升趋势。

(6) 稳定时间

在外管内充满饱和蒸汽，并在不凝气排出口有适量的汽（气）排出，空气流量调节好后，过 15min，空气的出口温度方可基本稳定。

四、实验步骤

1. 实验前的准备、检查工作

① 向电加热釜加水至液位计上端红线处。

② 检查空气旁路调节阀是否全开，保证空气管线的畅通。

③ 检查蒸汽管支路各控制阀是否已打开，保证蒸汽管线的畅通。

2. 实验开始

① 合上电源总开关。

② 打开加热电源开关，设定加热电压（不得大于 200V），直至有水蒸气冒出，在整个实验过程中始终保持换热器出口处有水蒸气。

③ 启动风机并用放空阀来调节流量，在一定的流量下稳定 3～5min 后，分别测量空气的流量，空气进、出口温度，换热器内管壁面温度；改变流量，记录不同流量下的实验数值。记录 6～8 组实验数据，可结束实验。

④ 实验结束后，依次关闭加热电源、风机和总电源。一切复原。

五、注意事项

1. 实验前将加热器内的水加到指定的位置，防止电热器干烧损坏电器。

2. 刚刚开始加热时，加热电压在（180V）左右。

3. 约加热 10min 后，可提前启动鼓风机，保证实验开始时空气进口温度 t_1 比较稳定。

4. 检查蒸汽加热釜中的水位是否在正常范围内，特别是每个实验结束后，进行下一实验之前，如果发现水位过低，应及时补给水量。

5. 必须保证蒸汽上升管线的畅通。即在给蒸汽加热釜电压之前，两蒸汽支路控制阀之一必须全开。在转换支路时，应先开启需要的支路阀，再关闭另一侧，且开启和关闭控制阀必须缓慢，防止管线截断或蒸汽压力过大突然喷出。

6. 必须保证空气管线的畅通。即在接通风机电源之前，两个空气支路控制阀之一和旁路调节阀必须全开。在转换支路时，应先关闭风机电源，然后开启和关闭控制阀。

7. 电源线的相线、中线不能接错，实验架一定要接地。

8. 数字电压表及温度、压差的数字显示仪表的信号输入端不能“开路”。

六、实验报告

1. 列出普通传热管的实验原始数据表和数据整理表，在双对数坐标系中绘制 $Nu/Pr^{0.4}$-Re 的关系图，并用线性回归分析方法，确定特征数关联式 $Nu=ARe^{m}Pr^{0.4}$ 中常数 A、m 的值。

2. 列出强化传热管的实验原始数据表和数据整理表，在双对数坐标系中绘制 Nu-Re 的关系图，并用线性回归分析方法，确定特征数关联式 $Nu=BRe^{m}$ 中常数 B、m 的值。

3. 写出典型数据的计算过程，分析和讨论实验现象。

七、思考题

1. 影响对流传热系数的因素有哪些？

2. 开风机前，应注意什么？为什么？

3. 实验过程中，如何判断传热达到稳定？

4. 强化传热的途径有哪些？

实验 7　计算机控制空气-水蒸气传热实验

一、实验目的

1. 了解间壁式换热的基本原理，掌握对流传热系数的测定方法。

2. 掌握热电阻测温的方法，观察水蒸气在水平管外壁上的冷凝现象。

3. 掌握对流传热系数测定的实验数据处理方法，了解影响对流传热系数的因素和强化传热的途径。

二、实验原理

在多数工业生产中，冷、热流体系通过固体壁面进行热量交换，称为间壁式换热。间壁式传热过程由热流体侧的对流传热、固体壁面的热传导和冷流体侧的对流传热组成。

对流传热系数是研究传热过程及换热器性能的一个重要参数。由于直接测量固体壁面的温度，特别是管内壁的温度，技术难度大，因此，通过测量相对较易测定的冷热流体温度来间接推算流体与固体壁面间的对流传热系数就成为人们广泛采用的一种研究手段。

本实验采用套管式换热器，通过环隙内水蒸气冷凝放热来加热从内管通过的空气。当传热达到稳定后，测定不同空气流量下空气在套管换热器中的进、出口温度及水蒸气温度，便可求得空气在管内的对流传热系数及其特征数关联式。

1. 对流传热系数的测定

以管内传热面积为基准的总传热系数与对流传热系数间的关系为：

$$K_1=\frac{1}{\frac{1}{\alpha_1}+R_{d1}+\frac{bd_1}{\lambda d_m}+R_{d2}\frac{d_1}{d_2}+\frac{d_1}{\alpha_2 d_2}} \tag{4-9}$$

式中 d_1——内管的内径，m；

d_2——内管的外径，m；

d_m——内管的平均直径，m；

b——内管的壁厚，m；

λ——内管材料的热导率，W/(m・℃)；

R_{d1}——内管内侧的污垢热阻，(m²・℃)/W；

R_{d2}——内管外侧的污垢热阻，(m²・℃)/W；

α_1——管内空气对流传热系数，W/(m²・℃)；

α_2——管外蒸汽冷凝对流传热系数，W/(m²・℃)；

K_1——以管内传热面积为基准的总传热系数，W/(m²・℃)。

用本装置进行实验时，管内空气与管壁间的对流传热系数远小于管外蒸汽冷凝的对流传热系数，因此冷凝传热热阻$\frac{d_1}{\alpha_2 d_2}$可忽略，同时蒸汽冷凝较为清洁，因此内管外侧的污垢热阻 $R_{d2}\frac{d_1}{d_2}$也可忽略。实验中的内管材料采用紫铜，热导率很大，壁厚为 2.5mm，因此内管管壁的导热热阻$\frac{bd_1}{\lambda d_m}$可忽略。若内管内侧的污垢热阻 R_{d1} 也忽略不计，则 $\alpha_1\approx K_1$，而总传热系数 K_1 的测定可根据传热速率方程求解。

传热速率方程

$$Q=K_1A_1\Delta t_m \tag{4-10}$$

其中

$$Q=q_mC_p(t_2-t_1)$$

$$\Delta t_m=\frac{(T-t_1)-(T-t_2)}{\ln\frac{T-t_1}{T-t_2}} \tag{4-11}$$

$$A_1=\pi d_1 l$$

式中 Q——传热速率，W；

A_1——管内侧传热面积，m²；

Δt_m——热冷流体的对数平均温度差，℃；

q_m——空气的质量流量，kg/s；

C_p——空气的定压比热容，J/(kg・℃)；

t_1——空气的进口温度，℃；

t_2——空气的出口温度，℃；

T——水蒸气的温度，℃；

l——内管（紫铜管）的长度，m。

由上述可得管内空气对流传热系数的计算式为：

$$\alpha_1=\frac{q_m C_p(t_2-t_1)}{A_1\Delta t_m} \tag{4-12}$$

2. 对流传热系数特征数关联式的实验确定

空气在圆形直管中做强制湍流，被加热时的特征数关联式一般形式为：

$$Nu=ARe^m Pr^{0.4}$$

其中 $$Nu=\frac{\alpha_1 d_1}{\lambda},\ Re=\frac{d_1 u\rho}{\mu},\ Pr=\frac{C_p\mu}{\lambda}$$

式中 Nu——努塞尔数；

Re——雷诺数；

Pr——普兰特数；

u——空气在管内流动的平均流速，m/s，$u=\frac{q_m/\rho}{0.785d_1^2}$；

λ——空气的热导率，W/(m・℃)；

ρ——空气的密度，kg/m³；

μ——空气的黏度，Pa・s；

C_p——空气的定压比热容，J/（kg・℃）。

空气的物性数据 λ、ρ、μ 及 C_p 根据空气进、出口温度的算术平均值 t_m 查得。

通过实验确定不同流量下的 Nu、Re 及 Pr，然后用线性回归分析方法，确定特征数关联式 $Nu=ARe^m Pr^{0.4}$ 中的常数 A、m 的值。

3. 空气质量流量的测定

用孔板流量计测空气的流量，计算如下，

$$q_m=q_{V1}\rho_1 \tag{4-13}$$

式中 q_{V1}——孔板流量计读数，m³/s；

ρ_1——空气在进口温度下的密度，kg/m³。

4. 空气物性与温度的关系式

在 0～100℃之间，空气的物性与温度 t（℃）的关系有如下拟合公式。

（1）空气的密度与温度的关系式

$$\rho=10^{-5}t^2-4.5\times10^{-3}t+1.2916 \tag{4-14}$$

式中 ρ——空气的密度，kg/m³。

（2）空气的比热容 C_p 与温度的关系式

60℃以下 $C_p=1.005$kJ/(kg・℃)，

70℃以上 $C_p=1.009$kJ/(kg・℃)。

（3）空气的热导率与温度的关系式

$$\lambda=-2\times10^{-8}t^2+8\times10^{-5}t+0.0244 \tag{4-15}$$

式中 λ——空气的热导率，W/(m・℃)。

（4）空气的黏度与温度的关系式

$$\mu=(-2\times10^{-6}t^2+5\times10^{-3}t+1.7169)\times10^{-5} \tag{4-16}$$

式中　μ——空气的黏度，Pa·s。

三、实验装置与流程

1. 实验流程

空气-水蒸气传热实验流程如图 4-2 所示，实验装置如图 4-3 所示。来自蒸汽发生器的水蒸气进入不锈钢套管换热器环隙内，与来自风机的空气在套管换热器内进行热交换，冷凝水经疏水器排入地沟。冷空气经孔板流量计进入套管换热器内管（紫铜管），热交换后排出装置外。

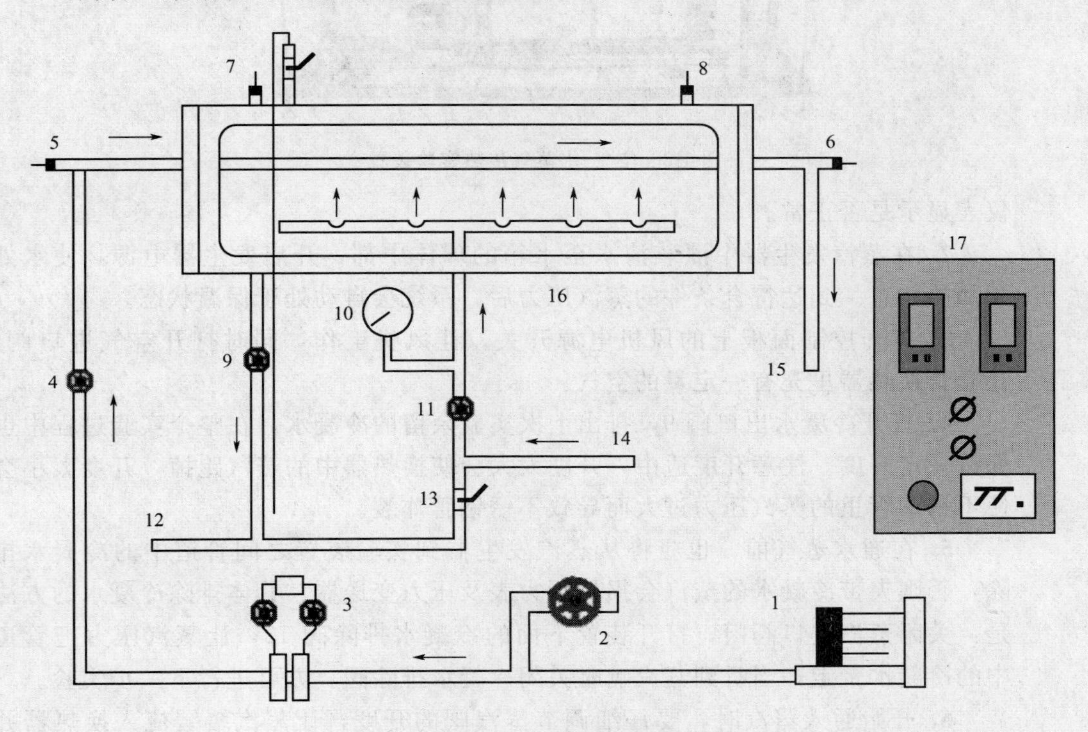

图 4-2　空气-水蒸气传热实验装置流程

1—旋涡式气泵；2—排气阀；3—孔板流量计；4—空气进气阀；5—空气进口温度；6—空气出口温度；7—空气进口侧蒸汽温度；8—空气出口侧蒸汽温度；9—冷凝水出口阀；10—压力表；11—蒸汽进口阀；12—冷凝水排水口；13—冷凝水排除阀；14—蒸汽进口；15—空气出口；16—换热器；17—电气控制箱

2. 主要设备及仪表规格

(1) 紫铜管规格：直径 ϕ21mm×2.5mm，长度 l=1m。

(2) 外套不锈钢管规格：直径 ϕ100mm×5mm，长度 l=1m。

(3) 铂热电阻及无纸记录仪温度显示。

(4) 全自动蒸汽发生器及蒸汽压力表。

四、实验步骤

1. 打开控制面板上的总电源开关和仪表电源开关，使仪表通电预热，观察

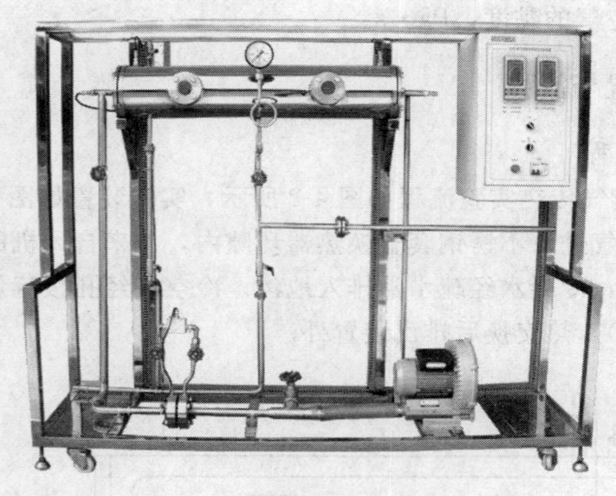

图 4-3　空气-水蒸气传热实验装置

仪表显示是否正常。

2. 在蒸汽发生器中灌装清水至水箱的球体中部，开启发生器电源，使水处于加热状态。到达符合条件的蒸汽压力后，系统会自动处于保温状态。

3. 打开控制面板上的风机电源开关，让风机工作，同时打开空气进口阀，让套管换热器里充有一定量的空气。

4. 打开冷凝水出口阀 9，排出上次实验余留的冷凝水，在整个实验过程中也保持一定开度。注意开度适中，开度太大会使换热器中的蒸汽跑掉，开度太小会使不锈钢管里的蒸汽压力过大而导致不锈钢管炸裂。

5. 在通水蒸气前，也应将从蒸汽发生器到实验装置之间管道中的冷凝水排除，否则夹带冷凝水的蒸汽会损坏压力表及压力变送器。具体排除冷凝水的方法是：关闭蒸汽进口阀门，打开装置下面的冷凝水排除阀 13，让蒸汽压力把管道中的冷凝水带走，当听到蒸汽响时关闭冷凝水排除阀，方可进行下一步实验。

6. 开始通入蒸汽时，要仔细调节蒸汽阀的开度，让蒸汽缓缓流入换热器并充满系统，使系统由"冷态"转变为"热态"（时间不得少于 10min），以防止不锈钢管换热器因突然受热、受压而爆裂。

7. 上述准备工作结束，系统也处于"热态"后，可通过调节蒸汽发生器出口阀及蒸汽进口阀的开度，使蒸汽进口压力维持在 0.01MPa（表压）。

8. 通过仪表调节风机转速来改变空气的流量到一定值，在每个流量条件下，均需待热交换过程稳定后方可记录实验数值，一般每个流量下至少应使热交换过程保持 15min 方可视为稳定；改变流量，记录不同流量下的实验数值。

9. 记录 6～8 组实验数据，即可结束实验。先关闭蒸汽发生器，关闭蒸汽进口阀，关闭仪表电源，待系统逐渐冷却后关闭风机电源，待冷凝水流尽，关闭冷凝水出口阀，关闭总电源。

五、注意事项

1. 先打开冷凝水的出口阀，注意只开一定的开度，开得太大会使换热器里的蒸汽跑掉，开得太小会使不锈钢管里的蒸汽压力增大而使不锈钢管炸裂。

2. 一定要在套管换热器内管输入一定量的空气后，方可开启蒸汽阀门，且必须在排除蒸汽管线上原先积存的冷凝水后，方可把蒸汽通入套管换热器中。

3. 刚开始通入蒸汽时，要仔细调节蒸汽进口阀的开度，让蒸汽缓缓流入换热器中，逐渐加热，由“冷态”转变为“热态”的时间不得少于10min，以防止不锈钢管因突然受热、受压而爆裂。

4. 操作过程中，蒸汽压力一般控制在0.02MPa（表压）以下，否则可能造成不锈钢管爆裂和填料损坏。

5. 确定各参数时，必须是在稳定传热状态下，随时注意蒸汽量的调节和压力表读数的调整。

六、实验报告

1. 将实验原始数据和数据整理结果列在表格中，并以其中一组数据为例写出计算过程。

2. 在双对数坐标系中绘制 $Nu/Pr^{0.4}$-Re 的关系图，并用线性回归分析方法，确定特征数关联式 $Nu=ARe^{m}Pr^{0.4}$ 中常数 A、m 的值。

七、思考题

1. 在计算空气质量流量时所用到的密度值与求雷诺数时的密度值是否一致？它们分别表示什么位置的密度，应在什么条件下进行计算。

2. 实验过程中，冷凝水不及时排走，会产生什么影响？如何及时排走冷凝水？如果采用不同压力的蒸汽进行实验，对实验结果有何影响？

3. 影响总传热系数的因素有哪些？如何提高总传热系数？

第5章

吸收综合实验

实验 8　填料塔特性及水吸收空气中氨气传质系数 K_{Ya} 的测定

一、实验目的

1. 了解填料塔的结构、填料特性及吸收基本流程。

2. 熟悉填料塔的流体力学性能。

3. 掌握气相总体积传质系数 K_{Ya} 的测定方法。

二、实验原理

1. 填料塔流体力学性能

填料塔流体力学性能主要包括压降和液泛规律。压降是塔设计中的重要参数，气体通过填料层压降的大小决定了塔的动力消耗，因此计算填料塔需用动力时，必须知道压降的大小。而确定填料塔适宜操作范围以及选择适宜的气液负荷时，又必须了解液泛规律。

在填料吸收塔中，当无液体喷淋，即气体通过干填料时，气体通过单位高度填料层的压降 $\Delta p/Z$ 与空塔气速 u 的关系在双对数坐标系中为一直线。当有一定的喷淋量时，$\Delta p/Z$ 与 u 的关系在双对数坐标系中变成折线，并存在两个转折点，下转折点称为载点，上转折点称为液泛点，从载点到液泛点之间是填料塔正常操作范围。载点所对应的空塔气速称为载点气速，液泛点所对应的空塔气速称为泛点气速。随着喷淋量的增加，载点气速和泛点气速减小，如图 5-1 所示。

本实验的工作介质为空气和水。首先，在无水喷淋时，启动风机，测定干填料的压降与空塔气速，绘制 $\Delta p/Z$ 与 u 的关系图。然后，开动供水系统，在一定喷淋量下，逐步增大气速，记录必要的数据直至出现液泛，绘制 $\Delta p/Z$ 与 u 的关系图，并确定载点和液泛点。

2. 气相总体积传质系数 K_{Ya} 的测定

传质系数是决定吸收过程速率高低的重要参数，而实验测定是获取传质系数的主要途径。对于相同的物系及一定的设备（填料类型与尺寸一定），传质系数将随着操作条件及气液接触状况的不同而改变。

本实验用水吸收空气-氨混合气体中的氨气。氨气易溶于水，所以氨气溶解于水属于气膜控制。

本实验所用气体混合物中氨的浓度很低（摩尔比为 0.02～0.03），所得吸收液的浓度也不高，可认为汽液平衡关系服从亨利定律，可用 $Y^*=mX$ 表示。又因是常压操作，平衡常数 m 仅是温度的函数。

(1) 气相总体积传质系数 K_{Ya} 的计算公式

由于　　填料层高度 $Z=H_{OG}\times N_{OG}$　　(5-1)

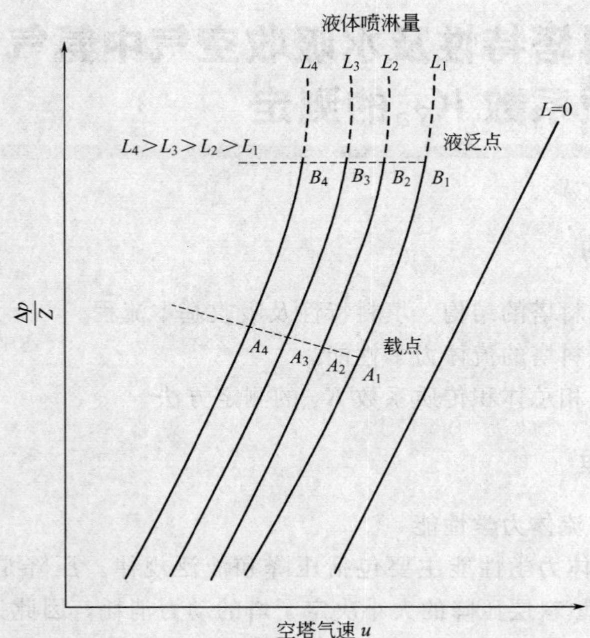

图 5-1　压力降与空塔气速的关系

气相总传质单元高度 $$H_{OG}=\frac{V}{K_{Ya}\Omega} \tag{5-2}$$

气相总传质单元数 $$N_{OG}=\frac{Y_1-Y_2}{\Delta Y_m} \tag{5-3}$$

则　　气相总体积传质系数 $$K_{Ya}=\frac{V(Y_1-Y_2)}{Z\Omega\Delta Y_m} \tag{5-4}$$

其中
$$\Delta Y_m=\frac{(Y_1-mX_1)-(Y_2-mX_2)}{\ln\frac{Y_1-mX_1}{Y_2-mX_2}} \tag{5-5}$$

$$\Omega=\frac{\pi}{4}D^2 \tag{5-6}$$

式中　Z——填料层高度，m；

H_{OG}——气相总传质单元高度，m；

N_{OG}——气相总传质单元数；

K_{Ya}——气相总体积传质系数，kmol/(m³·h)；

V——空气的摩尔流量，kmol/h；

Y_1——塔底气相中溶质的摩尔比，kmol 氨/kmol 空气；

Y_2——塔顶气相中溶质的摩尔比，kmol 氨/kmol 空气；

X_1——塔底液相中溶质的摩尔比，kmol 氨/kmol 水；

X_2——塔顶液相中溶质的摩尔比，kmol 氨/kmol 水；

ΔY_m——气相对数平均推动力；

m——平衡常数；

Ω——塔的截面积，m^2；

D——塔径，m。

(2) 气相总体积传质系数 K_{Ya}的测定方法

由 K_{Ya}的计算公式可知，只要知道空气流量、气液进出口浓度、填料层高度、塔径及平衡常数，便可求出 K_{Ya}。

在本实验中，填料层高度与塔径为已知值；平衡常数可从附录中查取；因用清水吸收，塔顶液相浓度 $X_2=0$；塔顶气相浓度 Y_2可由塔顶尾气分析，其分析方法见实验步骤；塔底液相浓度 X_1可由塔底吸收液分析，其分析方法也见实验步骤；空气流量 V 与塔底气相浓度 Y_1由测定进气中的氨量和空气量求出，数据整理步骤如下。

① 标准状态下空气的体积流量 q_{V0}

$$q_{V0}=q_{V1}\frac{T_0}{p_0}\sqrt{\frac{p_1p_2}{T_1T_2}} \tag{5-7}$$

式中 q_{V0}——标准状态下空气的体积流量，m^3/h；

q_{V1}——标定状态下空气的体积流量，即转子流量计的读数，m^3/h；

T_0、p_0——标准状态下的温度和压力，分别为 273K、101.33kPa；

T_1、p_1——标定状态下空气的温度和压力，分别为 293K、101.33kPa；

T_2、p_2——操作状态下空气的温度和压力，K、kPa。

② 标准状态下氨气的体积流量 q'_{V0}

$$q'_{V0}=q'_{V1}\frac{T_0}{p_0}\sqrt{\frac{\rho_0p_1p_2}{\rho'_0T_1T_2}} \tag{5-8}$$

式中 q'_{V0}——标准状态下氨气的体积流量，m^3/h；

q'_{V1}——标定状态下氨气的体积流量，即转子流量计的读数，m^3/h；

T_0、p_0——标准状态下的温度和压力，分别为 273K、101.33kPa；

T_1、p_1——标定状态下空气的温度和压力，分别为 293K、101.33kPa；

T_2、p_2——操作状态下氨气的温度和压力，K、kPa；

ρ_0——标准状态下空气的密度，kg/m^3；

ρ'_0——标准状态下氨气的密度，kg/m^3。

③ 空气的摩尔流量 V

$$V=\frac{q_{V0}}{22.4} \tag{5-9}$$

④ 塔底气相浓度 Y_1

$$Y_1=\frac{n_{NH_3}}{n}=\frac{q'_{V0}}{q_{V0}} \tag{5-10}$$

式中 n_{NH_3}——NH_3的物质的量，mol；

n——空气的物质的量。

三、实验流程与装置

1. 实验流程

实验流程如图 5-2 所示，空气由鼓风机送入空气转子流量计计量，空气通过流量计处的温度由空气温度计测量，空气流量用放空阀调节。氨气由氨瓶送出，经过氨瓶总阀进入氨气转子流量计计量，氨气通过转子流量计处温度由实验时大气温度代替，其流量用氨流量调节阀调节，然后进入空气管道与空气混合，由塔底自下而上通过吸收塔填料层，经水吸收其中的氨后，尾气从塔顶排出。水由自来水管进入系统，经水流量调节阀及水转子流量计计量后从塔顶入塔，在吸收塔中与混合气逆流接触，吸收其中的氨，吸收液从塔底排出。

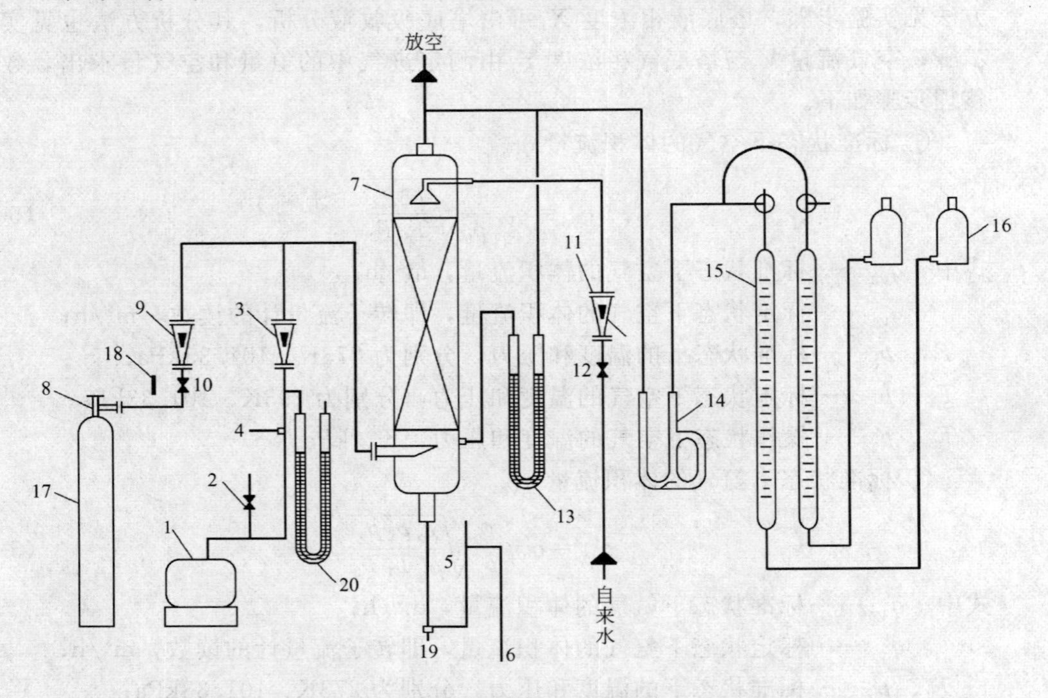

图 5-2　填料吸收塔实验装置流程示意

1—鼓风机；2—空气流量调节阀；3—空气转子流量计；4—空气温度；5—液封管；6—吸收液取样口；7—填料吸收塔；8—氨瓶总阀；9—氨转子流量计；10—氨流量调节阀；11—水转子流量计；12—水流量调节阀；13—U形管压差计；14—吸收瓶；15—量气管；16—水准瓶；17—氨气瓶；18—氨气温度；19—吸收液温度；20—空气进入流量计处压力

分析塔顶尾气浓度时靠降低水准瓶的位置，将塔顶尾气吸入吸收瓶和量气管。在吸入塔顶尾气之前，预先在吸收瓶内放入 5mL 已知浓度的硫酸可吸收尾气中的氨。

吸收液的取样可用塔底吸收液取样口进行。填料层压降用 U 形管压差计测定。

2. 主要设备及仪表规格

(1) 设备参数

① 鼓风机：XGB 型旋涡气泵，型号 2，最大压力 1176kPa，最大流量 $75m^3/h$。

② 填料塔：玻璃管，内装 10mm×10mm×1.5mm 瓷拉西环，填料层高度 $Z=0.4m$，填料塔内径 $D=0.075m$。

③ 液氨瓶 1 个，氨气减压阀 1 个。

(2) 流量测量

① 空气转子流量计　型号：LZB-25，流量范围：2.5～25m^3/h，精度：2.5%。

② 水转子流量计　型号：LZB-6，流量范围：6～60L/h，精度：2.5%。

③ 氨转子流量计　型号：LZB-6，流量范围：0.06～0.6m^3/h，精度：2.5%。

(3) 浓度测量

塔底吸收液浓度分析：定量化学分析仪一套。

塔顶尾气浓度分析：吸收瓶、量气管及水准瓶一套。

(4) 温度测量

空气温度表、氨气温度表及吸收液温度表。

四、实验步骤

1. 测量干填料层 $\Delta p/Z$-u 的关系

先全开空气流量调节阀，后启动鼓风机，用空气流量调节阀调节进塔的空气流量，按空气流量从小到大的顺序，测量 8～10 组数据，记录每次流量下的填料层压降，转子流量计读数和转子流量计处空气温度、压力。

2. 测量某喷淋量下填料层 $\Delta p/Z$-u 的关系

开动供水系统，使填料充分润湿后进行实验。固定水喷淋量为 40L/h 时，调节空气流量，从小到大测量 8～10 组数据。记录每次流量下的填料层压降，转子流量计读数和转子流量计处空气温度、压力，并注意观察塔内的操作现象，一旦看到液泛现象时记下对应的空气转子流量计读数。发生液泛后，再继续增加空气量，测取 2～3 组数据。

3. 气相总体积传质系数 K_{Ya} 的测定

(1) 选择适宜的空气流量和水流量（建议水流量为 30L/h）　为保证混合气体中氨组分摩尔比为 0.02～0.03，根据空气转子流量计的读数，计算出氨气流量计的读数。

(2) 先调节好空气流量和水流量　打开氨瓶总阀，用氨流量调节阀调节氨流量，使其达到需要值，在空气、氨气和水的流量不变的条件下操作一定时间，待过程稳定后，记录各流量计读数、温度及各压差计的读数，并分析塔顶尾气及塔底吸收液的浓度。

(3) 尾气分析方法

① 排出两个量气管内空气，使其中水面达到最上端的刻度线零点处，并关闭三通旋塞。

② 用移液管向吸收瓶内装入 5mL 浓度为 0.005kmol 溶质/m^3 溶液左右的硫酸，并加入 1～2 滴甲基橙指示液。

③ 将水准瓶移至下方的实验架上，缓慢地旋转三通旋塞，让塔顶尾气通过

吸收瓶，旋塞的开度不宜过大，以能使吸收瓶内液体以适宜的速度不断循环流动为宜。

从尾气开始通入吸收瓶起就必须始终观察瓶内液体的颜色，中和反应达到终点时立即关闭三通旋塞，在量气管内水面与水准瓶内水面齐平的条件下读取量气管内空气的体积。

若某量气管内已充满空气，但吸收瓶内未达到终点，可关闭对应的三通旋塞，读取该量气管内的空气体积，同时启用另一个量气管，继续让尾气通过吸收瓶。

④ 尾气浓度 Y_2 的计算方法　因为氨与硫酸中和反应式为：

$$2NH_3 + H_2SO_4 = (NH_4)_2SO_4$$

所以尾气浓度 Y_2 的计算公式如下：

$$Y_2 = \frac{n_{NH_3}}{n} = \frac{2c_{H_2SO_4}V_{H_2SO_4}}{\frac{V_{空气}}{22.4} \times \frac{T_0}{T} \times \frac{p}{p_0}} \tag{5-11}$$

式中　$c_{H_2SO_4}$——测尾气所用硫酸溶液的浓度，kmol 溶质/m^3 溶液；

$V_{H_2SO_4}$——测尾气所用硫酸溶液的体积，mL；

$V_{空气}$——量气管内空气的总体积，mL；

T_0、p_0——标准状态下的温度和压力，273K、101.33kPa；

T、p——操作条件下空气的温度和压力，K、kPa。

(4) 塔底吸收液的分析方法

① 当尾气分析吸收瓶达终点后即用锥形瓶接取塔底吸收液样品，约 200mL 并加盖。

② 用移液管取塔底溶液 10mL，置于另一个锥形瓶中，加入 2 滴甲基橙指示剂。

③ 将浓度约为 0.05kmol 溶质/m^3 溶液的硫酸置于酸式滴定管内，用于滴定锥形瓶中的塔底溶液至终点。

④ 塔底吸收液浓度的计算方法

$$c_1 = \frac{2c_{H_2SO_4}V_{H_2SO_4}}{V_{NH_3}} \tag{5-12}$$

式中　c_1——塔底吸收液的浓度，kmol 溶质/m^3 溶液；

$c_{H_2SO_4}$——滴定塔底吸收液所用硫酸溶液的浓度，kmol 溶质/m^3 溶液；

$V_{H_2SO_4}$——滴定塔底吸收液所用硫酸溶液的体积，mL；

V_{NH_3}——滴定时所取塔底吸收液的体积，10mL。

本实验中，塔底吸收液浓度不高，可用下式计算塔底液相中溶质的摩尔比：

$$X_1 = \frac{c_1}{\rho_{H_2O}/M_{H_2O}} \tag{5-13}$$

式中　ρ_{H_2O}——水的密度，可取 1000kg/m^3；

M_{H_2O}——水的摩尔质量，18kg/kmol。

⑤ 水喷淋量保持不变，加大或减小空气流量，相应地改变氨流量，使混合

气中的氨浓度与第一次传质实验时相同，重复上述操作，测定有关数据。

⑥ 实验完毕后，首先关闭氨气系统，其次为水系统，最后停风机。

五、注意事项

1. 启动鼓风机前，务必先全开放空阀。

2. 做传质实验时，水流量不能超过 40L/h，否则尾气的氨浓度极低，给尾气分析带来麻烦。

3. 两次传质实验所用的进气氨浓度必须一样。

六、实验报告

1. 将实验原始数据和数据整理结果列在表格中，并以其中一组数据为例写出计算过程。

2. 在同一双对数坐标系中，绘制干填料与湿填料时的 $\Delta p/Z\text{-}u$ 关系图，并确定湿填料时的载点和液泛点。

3. 对两次传质实验的 K_{Ya}值进行比较与讨论。

七、思考题

1. 测定 $\Delta p/Z\text{-}u$ 的关系与 K_{Ya}有何实际意义？

2. 测定 $\Delta p/Z\text{-}u$ 的关系与 K_{Ya}分别需要测哪些量？

3. 用水吸收氨是气膜控制还是液膜控制？为什么？

4. 当气体温度与液体温度不同时，应用什么温度计算平衡常数？

5. 为什么吸收塔塔底要设置液封管路？

实验 9　计算机控制水吸收空气中 CO_2 实验

一、实验目的

1. 了解填料塔的结构、填料特性及吸收基本流程。

2. 掌握液相总体积传质系数 K_{Xa}的测定方法。

3. 掌握液相总传质单元高度 H_{OL}的测定方法。

4. 了解气相色谱仪和六通阀的使用方法。

二、实验原理

吸收是典型的传质过程之一。在进行填料吸收塔计算时，必须有传质系数或传质单元高度的数值，这些数值受很多因素的影响，对于不同的系统、不同的设备或操作条件，传质系数或传质单元高度的数值不同。在吸收计算时，可通过实验获取这些数值。

由于CO_2气体无味、无毒、廉价，所以吸收实验常选择CO_2作为溶质组分。本实验采用水吸收空气中的CO_2组分。由于在常温常压下，CO_2在水中的溶解度很小，所以吸收空气中CO_2的过程属于液膜控制，并且吸收的计算可按低浓度来处理，可认为汽液平衡关系服从亨利定律，可用$Y^*=mX$表示。本实验主要测定液相总体积传质系数K_{Xa}和液相总传质单元高度H_{OL}。

1. K_{Xa}和H_{OL}的计算公式

液相总传质单元数N_{OL}的计算公式如下：

$$N_{OL}=\frac{1}{1-\frac{L}{mV}}\ln\left[\left(1-\frac{L}{mV}\right)\left(\frac{Y_2-mX_2}{Y_1-mX_1}\right)+\frac{L}{mV}\right] \tag{5-14}$$

或
$$N_{OL}=\frac{X_1-X_2}{\Delta X_m} \tag{5-15}$$

其中
$$\Delta X_m=\frac{\Delta X_1-\Delta X_2}{\ln\frac{\Delta X_1}{\Delta X_2}} \tag{5-16}$$

液相总传质单元高度
$$H_{OL}=\frac{Z}{N_{OL}} \tag{5-17}$$

液相总体积传质系数
$$K_{Xa}=\frac{V}{\Omega H_{OL}} \tag{5-18}$$

其中
$$\Omega=\frac{\pi}{4}D^2$$

式中　Z——填料层高度，m；

H_{OL}——液相总传质单元高度，m；

N_{OL}——液相总传质单元数；

K_{Xa}——液相总体积传质系数，kmol/（m^3·s）；

V——空气的摩尔流量，kmol/s；

L——水的摩尔流量，kmol/s；

Y_1、Y_2——塔底、塔顶气相中溶质的摩尔比，kmol CO_2/kmol 空气；

X_1、X_2——塔底、塔顶液相中溶质的摩尔比，kmol CO_2/kmol 水；

ΔX_m——液相对数平均推动力；

ΔX_1——塔底液相推动力，$\Delta X_1=\frac{Y_1}{m}-X_1$；

ΔX_2——塔顶液相推动力，$\Delta X_2=\frac{Y_2}{m}-X_2$；

m——平衡常数；

Ω——塔的截面积，m^2；

D——塔径，m。

2. K_{Xa}和H_{OL}的测定方法

(1) 空气流量和水流量的测定

本实验采用转子流量计测得空气和水的流量，并根据实验条件（温度和压力）和有关公式换算成空气和水的摩尔流量。

（2） 测定填料层高度和塔径

本实验中填料层高度和塔径为已知值。

（3） 测定塔顶和塔底气相组成 Y_1 和 Y_2

本实验利用气相色谱仪分析出塔顶、塔底气相组成。

（4） 测定塔顶和塔底液相组成 X_1 和 X_2

① 本实验中用清水吸收 CO_2，则 $X_2=0$。

② 由全塔物料衡算式 $L(X_1-X_2)=V(Y_1-Y_2)$ 可求得 X_1。

（5） 平衡常数

$$m=\frac{E}{p} \tag{5-19}$$

式中 E——亨利系数，kPa，根据液相温度查取；

p——总压，kPa，取 101.33kPa。

三、实验流程与装置

1. 实验流程

实验流程如图 5-3 所示，自来水送入填料塔塔顶经喷头喷洒而下。由风机送

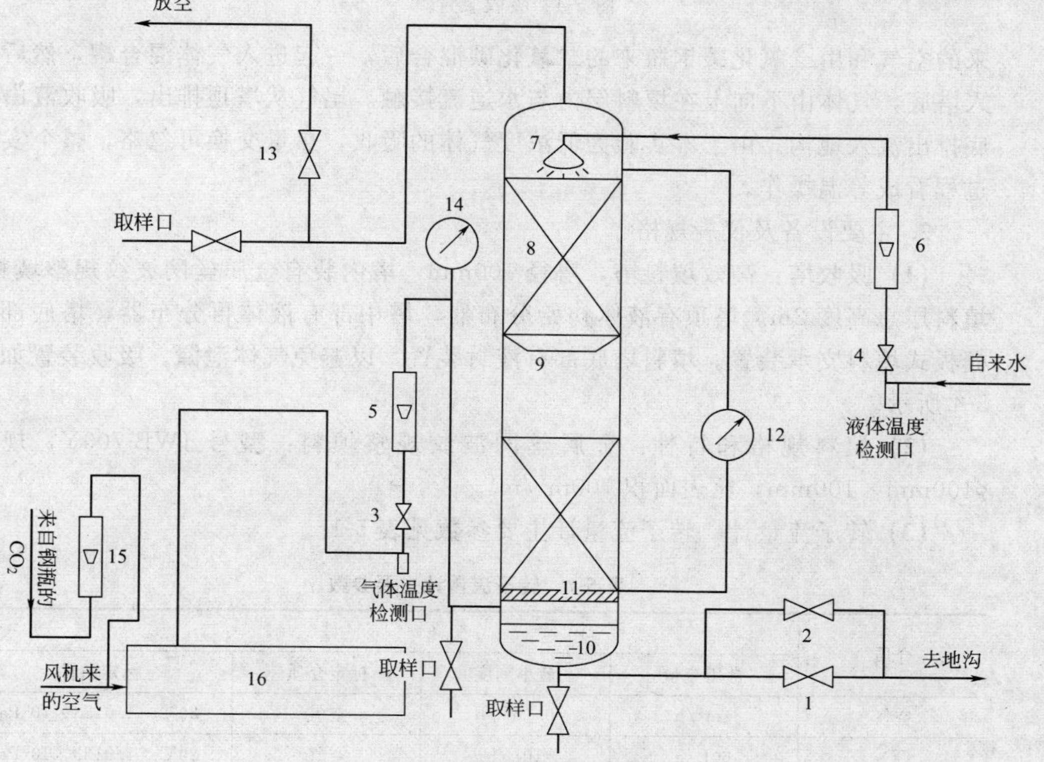

图 5-3 吸收装置流程

1,2,13—球阀；3—气体流量调节阀；4—液体流量调节阀；5,6—转子流量计；7—喷头；8—填料层；9—液体再分布器；10—塔底；11—支撑板；12—压差计；14—气压表；15—二氧化碳转子流量计；16—气体混合罐

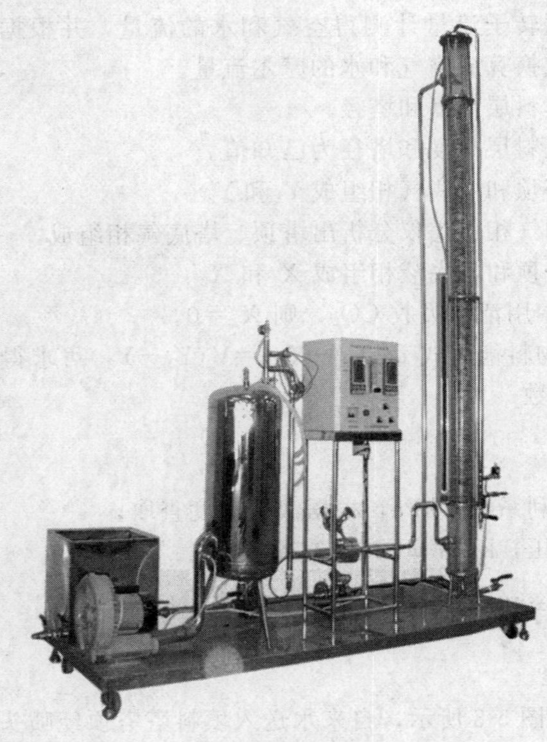

图 5-4　吸收装置

来的空气和由二氧化碳钢瓶来的二氧化碳混合后，一起进入气体混合罐，然后进入塔底，气体由下向上在填料层内与水逆流接触。尾气从塔顶排出，吸收液由塔底排出流入地沟。由于本实验为低浓度气体的吸收，热量交换可忽略，整个实验过程看成等温操作。

2. 主要设备及仪表规格

(1) 吸收塔：高效填料塔，塔径 100mm，塔内装有金属丝网波纹规整填料，填料层总高度 2m。塔顶有液体初始分布器，塔中部有液体再分布器，塔底部有栅板式填料支承装置。填料塔底部有液封装置，以避免气体泄漏。吸收装置如图 5-4 所示。

(2) 填料规格和特性：金属丝网波纹规整填料：型号 JWB-700Y，规格 ϕ100mm×100mm，比表面积 $700m^2/m^3$。

(3) 转子流量计　转子流量计主要参数见表 5-1。

表 5-1　转子流量计主要参数

介质	条件			
	常用流量	最小刻度	标定介质	标定条件
空气	$4m^3/h$	$0.1m^3/h$	空气	20℃　1.0133×10^5Pa
CO_2	60L/h	10L/h	空气	20℃　1.0133×10^5Pa
水	600L/h	20L/h	水	20℃　1.0133×10^5Pa

(4) 空气风机：旋涡式气泵。

(5) 二氧化碳钢瓶。

(6) 气相色谱仪。

四、实验步骤

1. 根据预习内容，熟悉实验流程并进一步弄清气相色谱仪及其配套仪器结构、原理、使用方法及其注意事项等。

2. 打开混合罐底部排空阀，排放掉空气混合罐中的冷凝水。

3. 打开仪表电源开关及风机电源开关，进行仪表自检。

4. 开启进水阀门，让水进入填料塔润湿填料，仔细调节液体转子流量计，使其流量稳定在某一实验值（塔底液封控制：仔细调节阀门 2 的开度，使塔底液位缓慢地在一段区间内变化，以免塔底液封过高溢满，或过低而泄气）。

5. 启动风机，打开 CO_2 钢瓶总阀，并缓慢调节钢瓶的减压阀。

6. 仔细调节风机出口阀门的开度（并调节 CO_2 转子流量计的流量，使其稳定在某一值）。

7. 待塔中的压力靠近某一实验值时，仔细调节尾气放空阀的开度，直至塔中压力稳定在实验值。

8. 待塔操作稳定后，记录各流量计的读数、温度、压力表的读数及压差计的读数，通过六通阀在线进样，利用气相色谱仪分析出塔顶、塔底的气相组成。

9. 实验完毕，关闭 CO_2 钢瓶和转子流量计、水转子流量计、风机出口阀门，再关闭进水阀门及风机电源开关（实验完成后，一般先停止水的流量再停止气体的流量，这样做的目的是为了防止液体从进气口倒压破坏管路及仪器），清理实验仪器和实验场地。

五、注意事项

1. 固定好操作点后，应随时注意调整以保持各量不变。

2. 在填料塔操作条件改变后，需要有较长的稳定时间，一定要等到稳定以后方能读取有关数据。

六、实验报告

1. 将实验原始数据和数据整理结果列在表格中，并以其中一组数据为例写出计算过程。

2. 在双对数坐标纸上绘图表示二氧化碳吸收时液相总体积传质系数、液相总传质单元高度与气体流量的关系。

七、思考题

1. 传质系数与哪些因素有关？

2. 填料特性对液相总体积传质系数有什么影响？

3. 测定液相总体积传质系数 K_{Xa} 有什么工程意义？

4. 用水吸收二氧化碳是气膜控制还是液膜控制？为什么？

5. 当气体温度和液体温度不同时，应按什么温度计算亨利系数？

6. 为什么塔底要有液封？液封高度如何计算？

7. 本实验装置能否测定压降和液泛规律？若能测定，如何测定？

第6章

精馏综合实验

实验 10　乙醇-正丙醇混合液筛板式精馏实验

一、实验目的

1. 熟悉精馏装置的流程及筛板精馏塔的结构。

2. 掌握影响精馏操作各因素间的关系。

3. 通过实验掌握图解法求解理论塔板数。

二、基本原理

求理论塔板数 N_T：根据精馏塔的进料组成 x_F，进料热状态，塔顶馏出液组成 x_D，塔釜残液组成 x_W 和操作回流比 R，用图解法求出理论塔板数 N_T。

(1) 全回流操作

当精馏全回流操作时，操作线在 y-x 图上为对角线，如图 6-1 所示，从塔顶组成开始在操作线和平衡线间作直角梯级，直到塔釜组成，即可得到理论塔板数。

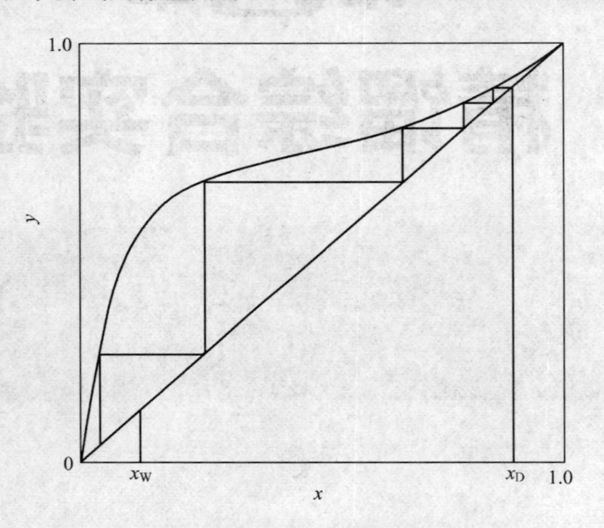

图 6-1　全回流时理论板数的确定

(2) 部分回流操作

当精馏部分回流操作时，如图 6-2 所示。其图解法的主要步骤为：

① 根据物系和操作压力在 y-x 图上作出相平衡曲线，并画出对角线作为参考线；

② 在 x 轴上定出 x_D、x_F、x_W 三点，依次通过这三点作垂线，分别交对角线于点 D、F、W；

③ 在 y 轴上定出 $y_C=\dfrac{x_D}{R+1}$ 的点 I，连接 D、I 作出精馏段操作线；

④ 由进料热状况求出 q 线的斜率 $\frac{q}{q-1}$，过点 F 作出 q 线交精馏段操作线于点 f（图 6-2 为泡点进料）；

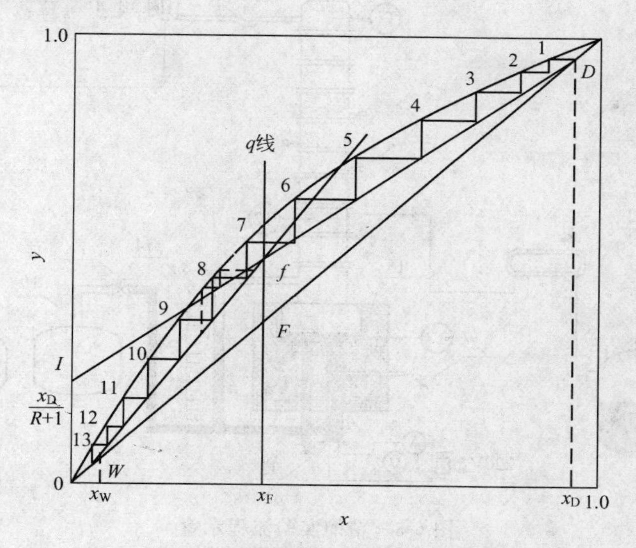

图 6-2　部分回流时理论板数的确定

⑤ 连接点 f、W 作出提馏段操作线。

从点 D 开始在平衡线和精馏段操作线之间画阶梯，当梯级跨过点 f 时，就改在平衡线和提馏段操作线之间画阶梯，直至梯级跨过点 W 为止。所画的总阶梯数就是全塔所需的理论塔板数（包括再沸器），跨过点 f 的那块板就是加料板，其以上的阶梯数为精馏段的理论塔板数。

三、实验装置流程与装置

1. 实验流程

图 6-3 为实验流程，图 6-4 为精馏实验装置。当图 6-3 中釜内液体由电加热器产生蒸汽逐板上升，经与各板上的液体传质后，进入塔顶冷凝器，冷凝为液体：一部分作为回流液从塔顶流入塔内，另一部分作为馏出液产品，进入产品贮罐，残液流入釜液贮罐。

2. 设备及仪表规格

名　称	直　径 /mm	高　度 /mm	板间距 /mm	板　数 /块	板型、孔径 /mm	降液管	材　质
塔　体	ϕ80×4	1500	100	9	筛板 2.5	ϕ10×1.5	紫　铜
塔　釜	ϕ133×2	500					不锈钢
塔　顶 冷凝器	ϕ89×1.5	380					不锈钢
塔　釜 再沸器	ϕ45×2	240					不锈钢

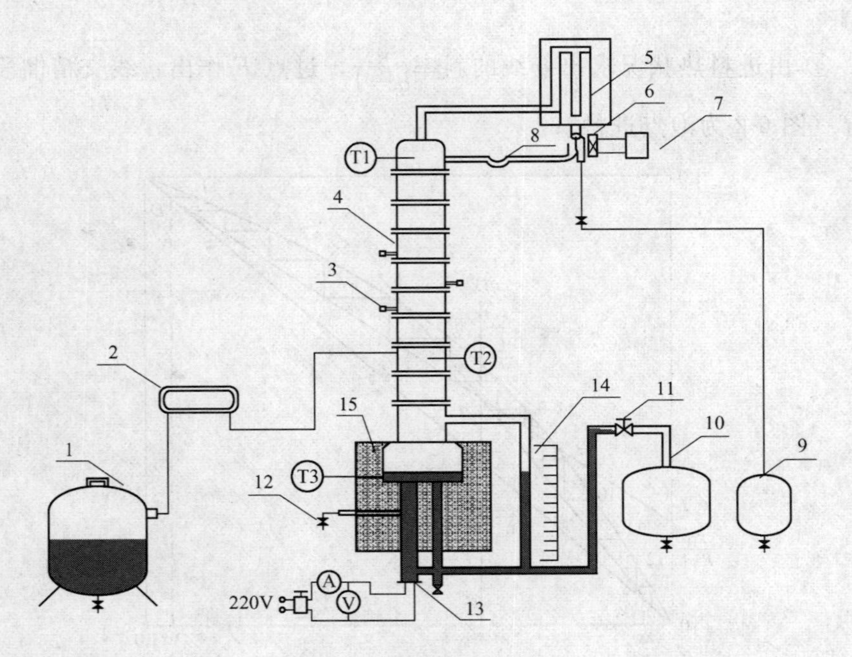

图 6-3　精馏实验流程示意

1—原料液储罐；2—进料泵；3—单板取样口；4—精馏塔；5—冷凝器；6—电磁线圈；
7—回流比控制器；8—塔顶取样口；9—塔顶产品储罐；10—塔釜产品储罐；11—电磁阀；
12—塔釜取样口；13—电加热器；14—液面计；15—塔釜

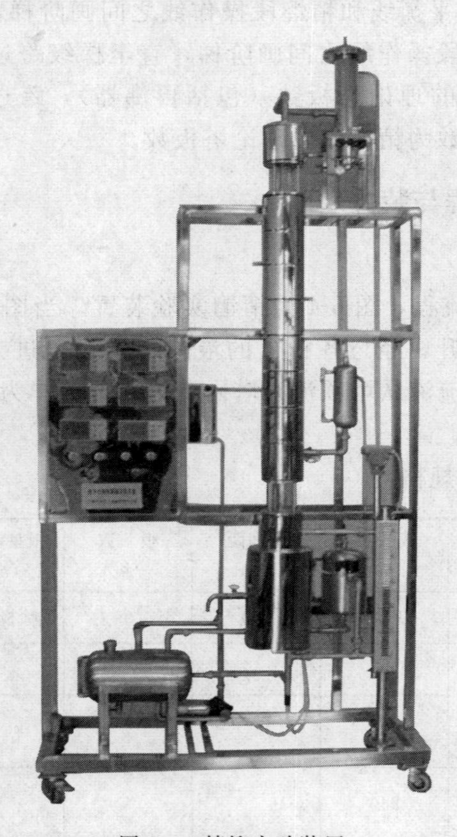

图 6-4　精馏实验装置

四、实验步骤

1. 实验准备

① 将与阿贝折光仪配套的超级恒温水浴调整运行到所需温度，并记下这个温度（例如30℃）。检查取样用的注射器和擦镜头纸是否准备好。

② 检查实验装置上的各个旋塞、阀门均应处于关闭状态；电流、电压表及电位器位置均应为零。

③ 配制一定浓度（乙醇质量浓度约20%）的乙醇-正丙醇混合液（总容量6000mL左右），然后加入原料液罐。

④ 打开进料转子流量计的阀门，开启加料泵，向精馏釜内加料到指定的高度（冷液面在塔釜总高2/3处），而后关闭流量计阀门。

2. 全回流操作

(1) 打开塔顶冷凝器的冷却水，冷却水量要足够大（约8L/min）。

(2) 记下室温值。接通电源（220V），打开装置上总电源开关。

(3) 调节仪表使加热电压为75V左右，待塔板上建立液层时，可适当加大电压（如100V，使塔内维持正常操作）。

(4) 等各块塔板上鼓泡均匀后，保持加热釜电压不变，在全回流情况下稳定20min左右，期间仔细观察全塔传质情况，待操作稳定后分别在塔顶、塔釜取样口用注射器同时取样，用阿贝折光仪分析样品浓度。

3. 部分回流操作

(1) 打开塔釜冷却水。冷却水流量以保证釜馏液温度接近于常温为准。

(2) 调节进料转子流量计阀，以1.5～2.0L/h的流量向塔内加料；用回流比控制调节器调节回流比$R=4$；馏出液收集在塔顶产品贮罐。

(3) 塔釜产品经冷却后由溢流管流出，收集在塔釜产品贮罐。

(4) 待操作稳定后，观察板上传质状况，记下加热电压、电流、塔顶温度等有关数据，整个操作中维持进料流量计读数不变，用注射器取下塔顶、塔釜和进料三处样品，用折光仪分析，并记录室温。

4. 实验结束

(1) 检查数据合理后，停止加料并将加热电压调为零；关闭回流比调节器开关。

(2) 根据物系的t-x-y关系，确定部分回流下进料的泡点温度。

(3) 停止加热10min后，关闭冷却水，一切复原。

五、注意事项

1. 实验过程中要特别注意安全，实验所用物系是易燃物品，操作过程中避免洒落，以免发生危险。

2. 实验设备加热功率由电位器来调节，故在加热时应注意加热千万别过快，以免发生暴沸（过冷沸腾），使釜液从塔顶冲出，若遇此现象应立即断电，重新加料到指定冷液面，再缓慢升电压，重新操作。升温和正常操作中釜的电功率不能过大。

3. 开车时先开冷却水，再向塔釜供热；停车时则相反。

4. 测浓度用折光仪。读取折射率，一定要同时记其测量温度，并按给定的温度-折射率-液相组成之间的关系（见附录六表 2）测定有关数据。

5. 为便于对全回流和部分回流的实验结果（塔顶产品质量）进行比较，应尽量使两组实验的加热电压及所用料液浓度相同或相近。连续实验时，在做实验前应将前一次实验时留存在塔釜和塔顶、塔底产品储罐内的料液均倒回原料液瓶中。

六、实验报告

1. 根据乙醇-正丙醇溶液的平衡数据绘出平衡曲线。

2. 依据实验数据用图解法求出理论塔板数。

七、思考题

1. 全回流操作在生产中有何意义？

2. 进料板的位置如何确定？

3. “淹塔”指什么？

4. 不同的进料热状况对理论塔板数有何影响？

实验 11　计算机控制乙醇-水溶液筛板式精馏实验

一、实验目的

1. 掌握控制仪表的调节。

2. 了解色谱仪并能够对实验样品进行色谱分析。

3. 掌握筛板精馏塔的全塔效率和单板效率的测定方法。

二、基本原理

1. 全塔效率 E_T

全塔效率是筛板精馏塔分离性能的综合度量。它是求得的理论塔板数与实验设备的实际塔板数之比，即

$$E_T=\frac{N_T-1}{N_P} \tag{6-1}$$

式中　N_T——完成一定分离任务所需的理论塔板数，包括再沸器；

N_P——完成一定分离任务所需的实际塔板数，本装置 $N_P=12$。

全塔效率综合了塔板结构、物理性质、操作变量等因素对塔分离能力的影响。

2. 单板效率 E_M

单板效率又称莫弗里板效率，是指气相或液相经过一层实际塔板前后的组成变化值与经过一层理论塔板前后的组成变化值之比。

按气相组成变化表示的单板效率为

$$E_{MV}=\frac{y_n-y_{n+1}}{y_n^*-y_{n+1}} \tag{6-2}$$

按液相组成变化表示的单板效率为

$$E_{ML}=\frac{x_{n-1}-x_n}{x_{n-1}-x_n^*} \tag{6-3}$$

式中 y_n、y_{n+1}——离开第 n、$n+1$ 块塔板的气相组成，摩尔分数；

x_{n-1}，x_n——离开第 $n-1$、n 块塔板的液相组成，摩尔分数；

y_n^*——与 x_n 成平衡的气相组成，摩尔分数；

x_n^*——与 y_n 成平衡的液相组成，摩尔分数。

三、实验装置及主要参数

1. 实验装置

实验装置（见图 6-5）由筛板精馏塔、加料系统、回流系统、产品出料管路、残液出料管路、进料泵和一些测量、控制仪表等组成。

原料液为乙醇水溶液，釜内液体由电加热器产生蒸汽逐板上升，经与各板上的液体传质后，进入盘管式换热器壳程，冷凝成液体后再从集液器流出，一部分作为回流液从塔顶流入塔内，另一部分作为产品流出，进入产品贮罐；残液经釜液转子流量计流入釜液贮罐。精馏过程如图 6-6 所示。

2. 筛板塔主要结构参数

塔内径 $D=68$mm，厚度 $\delta=2$mm，塔节 $\phi76$mm$\times$4mm，塔板数 $N=10$ 块，板间距 $H_T=100$mm。加料位置由下向上起数第 3 块和第 5 块。降液管采用弓形、齿形堰，堰长 56mm，堰高 7.3mm，齿深 4.6mm，齿数 9 个。降液管底隙 4.5mm。筛孔直径 $d_0=1.5$mm，正三角形排列，孔间距 $t=5$mm，开孔数为 74 个。塔釜为内电加热式，加热功率 2.5kW，有效容积为 10L。塔顶冷凝器、塔釜换热器均为盘管式。单板取样为自下而上第 1 块和第 10 块，斜向上为液相取样口，水平管为气相取样口。

四、实验步骤

1. 全回流

(1) 配制浓度 10%～20%（摩尔分数）的料液加入贮罐中，打开进料管路上的阀门，由进料泵将料液打入塔釜，至釜容积的 2/3 处（由塔釜液位计可观察）。

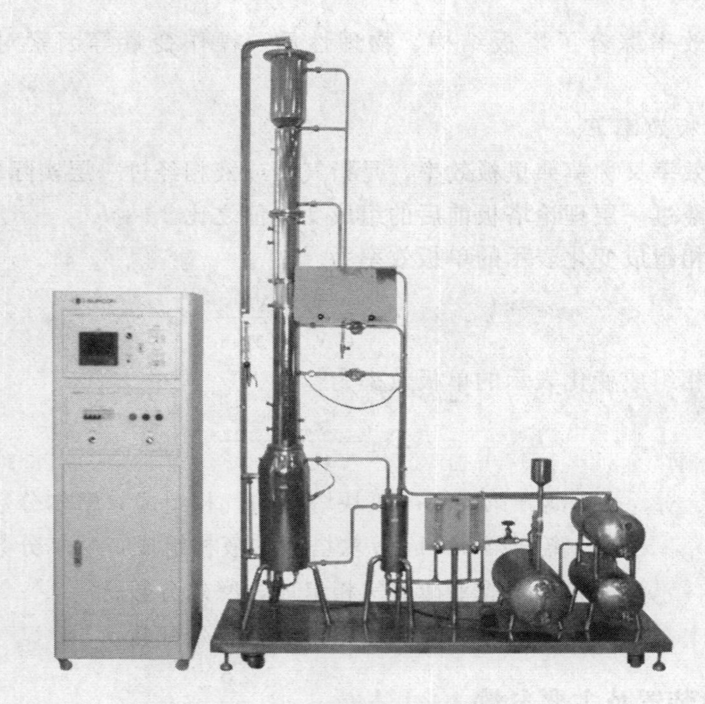

图 6-5　筛板精馏塔实验装置

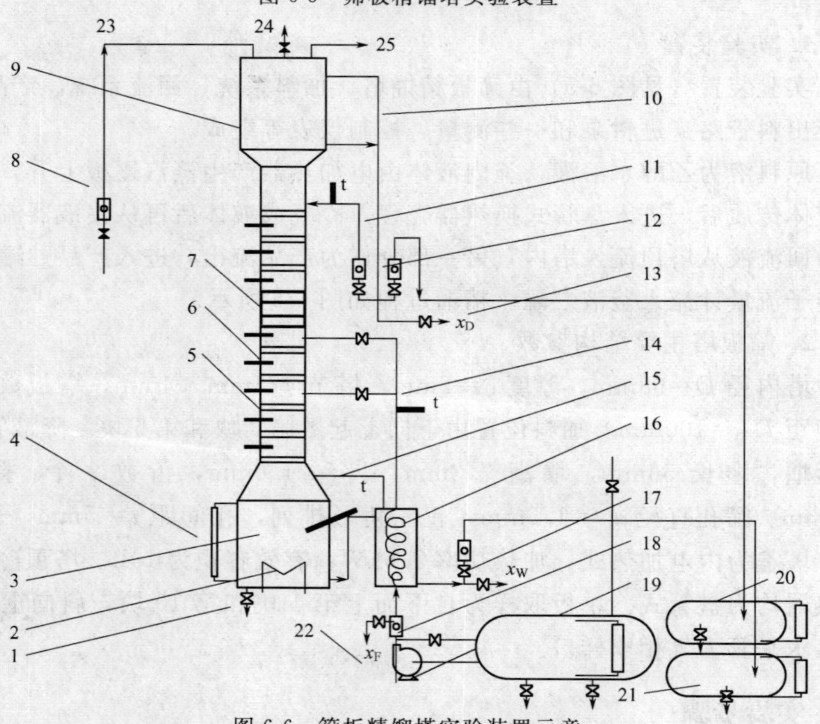

图 6-6　筛板精馏塔实验装置示意

1—塔釜排液口；2—电加热器；3—塔釜；4—塔釜液位计；5—塔板；6—温度计；7—窥视节；8—冷却水流量计；9—盘管冷凝器；10—塔顶平衡管；11—回流液流量计；12—塔顶出料流量计；13—产品取样口；14—进料管路；15—塔釜平衡管；16—盘管换热器；17—塔釜出料流量计；18—进料流量计；19—进料泵；20—产品储罐；21—残液储罐；22—料液取样口；23—冷却水进口；24—惰性气体出口；25—冷却水出口

（2）关闭塔身进料管路上的阀门，启动电加热管电源，调节加热电压至适中位置，使塔釜温度缓慢上升。

（3）打开塔顶冷凝器的冷却水，调节合适冷凝量，并关闭塔顶出料管路，使整塔处于全回流状态。

（4）当塔顶温度、回流量和塔釜温度稳定后，分别在塔顶和塔釜取样，并送色谱分析仪分析得塔顶浓度 x_D 和塔釜浓度 x_W。

2. 部分回流

（1）在储料罐中配制一定浓度的乙醇水溶液（10%～20%）。

（2）待塔全回流操作稳定时，打开进料阀，调节进料量至适当的流量。

（3）控制塔顶回流和出料两转子流量计，调节回流比 R（1～4）。

（4）当塔顶、塔内温度读数稳定后即可取样。

3. 取样与分析

（1）进料、塔顶、塔釜从各相应的取样阀放出。

（2）塔板取样用注射器从所测定的塔板中缓缓抽出，取 1mL 左右注入事先洗净烘干的试剂瓶中，并给该瓶盖标号以免出错，各个样品尽可能同时取样。

（3）将样品进行色谱分析。

五、注意事项

1. 塔顶放空阀一定要打开，否则容易因塔内压力过大导致危险。

2. 料液一定要加到设定液位 2/3 处，方可打开加热管电源，否则塔釜液位过低，会使电加热丝露出干烧致坏。

六、实验报告

1. 计算全塔效率和某板的单板效率。

2. 分析并讨论实验现象和结果。

七、思考题

1. 雾沫夹带现象如何影响塔板效率？

2. 影响全塔效率的因素有哪些？

3. 其他条件不变，只改变回流比对塔的性能有何影响？

实验 12　板式塔流体力学演示实验

一、实验目的

1. 观察板式塔各类型塔板的结构。

2. 观察比较各塔板上的气液接触状况。

3. 观察研究板式塔的极限操作状态，了解各塔板的漏液点、液泛点和操作弹性。

二、基本原理

板式塔属于逐级接触式气液传质设备，塔板上气液接触的效果与塔板结构及气液两相相对流动情况有关，后者即是本实验研究的流体力学性能。

1. 塔板的组成

各种塔板板面大致可分为四个区域，即溢流区、鼓泡区、安定区和无效区。其中鼓泡区为塔板开孔部分，即气液两相传质的场所，也是区别各种不同塔板的依据。

2. 板式塔的操作

漏液点：是指刚使液体不从塔板上泄漏时的气速，此气速也称为最小气速。

液泛点：当气速大到一定程度时，液体就不再从降液管下流，而是从下向塔板上升，此时板式塔发生液泛，对应的速度即达到液泛时的气速。

操作原理（以筛板塔为例）：上一层塔板上的液体由降液管流至塔板上，并经过板上由另一降液管流至下一层塔板上。而下一层板上升的气体（或蒸汽）经塔板上的筛孔，以鼓泡的形式穿过塔板上的液体层，并在此进行气液接触传质。离开液层的气体继续升至上一层塔板，再次进行气液接触传质。在塔板结构和液量已定的情况下，鼓泡层高度随气速而变。通常在塔板以上形成三种不同状态的区间，靠近塔板的液层底部属鼓泡区；在液层表面属泡沫区；在液层上方空间属雾沫区。这三种状态都能起气液接触传质作用，其中泡沫状态的传质效果尤为良好。

三、实验装置与流程

实验装置如图 6-7 所示。演示时，采用固定的水流量（不同塔板结构流量有所不同），改变不同的气速，演示各种气速时的运行情况。现以有降液管的筛孔板（即自下而上第二块塔板）为例，介绍该塔板流体力学性质演示操作流程。水泵进口连接水槽，塔底排液阀循环接入水槽，打开水泵出口调节阀，开启水泵电源。观察液流从塔顶流出的速度，通过转子流量计调节水流量，并保持稳定流动。打开风机出口阀，打开有降液管的筛孔板下对应的气流进口阀，开启风机电源。通过空气转子流量计自小而大调节气流量，观察塔板上气液接触的几个不同阶段，即由漏液至鼓泡、泡沫和雾沫夹带到最后淹塔。

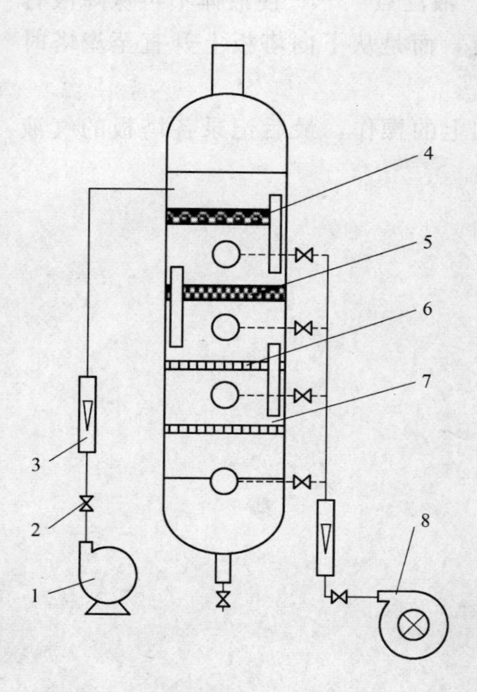

图 6-7　塔板流体力学演示实验装置

1—增压水泵；2—调节阀；3—转子流量计；4—有降液管筛孔板；
5—浮阀塔板；6—泡罩塔板；7—无降液管筛孔板；8—风机

四、演示操作

1. 实验前，先检查水泵和风机电源，并保持所有阀门为全关状态。

2. 全开气阀

这种情况气速达到最大值，此时可看到泡沫层很高，并有大量液滴从泡沫层上方往上冲，这就是雾沫夹带现象。这种现象表示实际气速大大超过设计气速。

3. 逐渐关小气阀

这时飞溅的液滴明显减少，泡沫层高度适中，气泡很均匀，表示实际气速符合设计值，这时各类型塔正常运行状态。

4. 再进一步关小气阀

当气速大大小于设计气速时，泡沫层明显减少，因为鼓泡少，气、液两相接触面积大大减少，显然，这时各类型塔处于不正常运行状态。

5. 继续慢慢关小气阀

可以看见塔板上既不鼓泡、液体也不下漏的现象。若再关小气阀，则可看见液体从筛孔漏出，这就是塔板的漏液点。

五、注意事项

1. 观察实验的两个临界气速，即作为操作下限的“漏液点”——刚使液体不从塔板上泄漏时的气速；作为操作上限的“液泛点”——使液体不再从降液管（对于无降液管的筛孔板，是指不降液）下流，而是从下向塔板上升直至淹塔时的气速。

2. 对于其余另两种类型的塔板也是作如上的操作，最后记录各塔板的气液两相流动参数，计算塔板弹性，并作出比较。

第7章 干燥实验

实验 13　硅胶流化床干燥实验

一、实验目的

1. 了解流化床干燥装置的基本结构、工艺流程和基本原理。

2. 掌握测定物料在恒定干燥条件下干燥特性的实验方法。

3. 掌握根据实验干燥曲线求取干燥速率曲线以及恒速阶段干燥速率、临界含水量、平衡含水量的实验分析方法。

4. 了解影响干燥速率曲线的主要因素。

二、实验原理

湿物料经进料器进入床层，热空气由下而上进入颗粒床层内。当气速较低时，颗粒床层呈静止状态，气流穿过颗粒间孔隙；当气速增加到一定程度后，颗粒床层开始松动并略有膨胀；气速再增大到某一数值后，颗粒在气流中呈悬浮状态，形成颗粒与热空气的混合层，此时，气固两相激烈运动并相互接触。湿物料在流化床中与热空气进行热量及水汽的传递，最终达到干燥的目的。

三、实验流程与装置

1. 实验设备流程图

如图 7-1 所示，空气由风机依次通过加热前温度计、孔板流量计、电加热器加热并经加热后温度计（进口温度计）测温后，从进气阀底部进入干燥器。预先装入原料瓶的原料在搅拌器的带动下于进气阀打开之前开始缓缓进入干燥器中，原料在一定的空气流速下处于流化状态，从而得到一定程度的干燥。为防止空气将一部分原料带走，在空气的出口处设置一旋风分离器，空气经干燥器的顶部排出后，细小固体颗粒可回收入粉尘接收瓶中。经干燥后的原料从干燥器的一侧进入出料接收瓶中。

2. 实验设备与操作参数（参考值）

名称	操作条件	参考值
设备	干燥器内径/mm	76
	预热器电阻 R_p/Ω	37
	干燥器保温电阻 R_d/Ω	35.5
空气	流量计压差读数/kPa	2kPa 左右，视流化程度而定
	进口温度/℃	60

名称	操作条件	参考值
硅胶	颗粒直径/mm	0.8～1.6
	水量	25～40mL 水/500～600g 物料
	加料速度所需电压/V	≤12
	绝干料比热容 $C_s(t=57℃)$/[kJ/(kg·℃)]	0.783

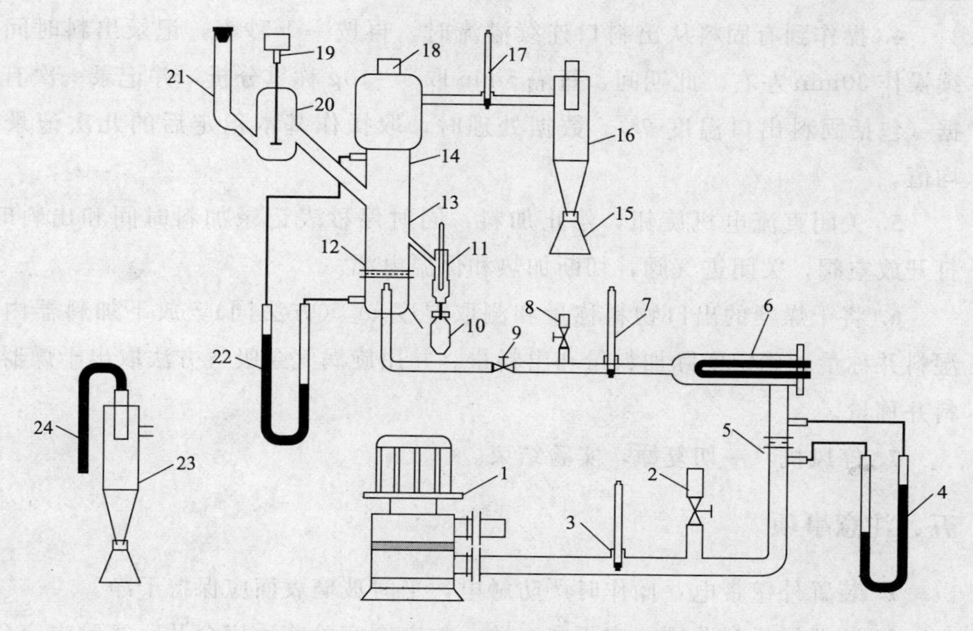

图 7-1　流化床干燥操作实验流程示意

1—风机（旋涡泵）；2—旁路阀（空气流量调节阀）；3—加热前温度计（测气体进流量计前的温度）；4—压差计（测流量）；5—孔板流量计；6—空气预热器（电加热器）；7—加热后温度计；8—放空阀；9—进气阀；10—出料接收瓶；11—出料温度计；12—分布板（80 不锈钢丝网）；13—流化床干燥器（玻璃制品，表面镀以透明导电膜）；14—透明膜电加热电极引线；15—粉尘接收瓶；16—旋风分离器；17—干燥器出口温度计；18—取干燥器内剩料插口；19—带搅拌器的直流电机（进固料用）；20,21—原料（湿固料）瓶；22—压差计；23—干燥器内剩料接收瓶；24—吸干燥器内剩料用的吸管（可移动）

四、实验步骤

1. 首先调好快速水分测定仪冷热零点；然后将硅胶筛分好所需粒径，并缓慢加入适量水，搅拌均匀，称好所用质量；再从湿料中取出多于 10g 的物料，用快速水分测定仪测定进入干燥器的物料湿度 w_1。

2. 风机流量调节阀 2 打开，放空阀 8 打开，进气阀 9 关闭。启动风机，调节流量到指定读数，将湿物料倒入料瓶，准备好出料接收瓶。接通预热器电源，将其电压逐渐升高到 100V 左右，加热空气。当加热后温度计读数（干燥器的气体进口温度）接近于 60℃时，打开进气阀 9，关闭放空阀 8，调节阀 2 使流量计读数恢复至规定值。同时向干燥器通电，保温电压大小以在预热阶段维持干燥器出口温度接近于进口温度为准。

3. 待空气进口温度（60℃）和出口温度基本稳定时，记录有关数据，包括干、湿球温度计的值。启动直流电机，调速到指定值，开始进料。同时按下秒表，记录进料时间，并观察固粒的流化情况。加料后注意维持进口温度不变、保温电压不变、气体流量计读数不变。

4. 操作到有固料从出料口连续溢流时，再按一下秒表，记录出料时间。连续操作 30min 左右。此期间，每隔 5min 取 5～10g 称重分析，并记录一次有关数据（包括固料出口温度 θ_2）。数据处理时，取操作基本稳定后的几次记录的平均值。

5. 关闭直流电机旋钮，停止加料，同时停秒表记录加料时间和出料时间，打开放空阀，关闭进气阀，切断加热和保温电源。

6. 将干燥器的出口物料称量和测取湿度 w_2（方法同）。放下加料器内剩的湿料并称量，确定实际加料量和出料量。并用旋涡气泵吸气方法取出干燥器内剩料并称量。

7. 停风机，一切复原，实验结束。

五、注意事项

1. 装置外壁带电，操作时严防触电，平时玻璃表面应保持干净。

2. 装置风机旁路阀一定不能全关；放空阀实验前后应全开，实验中应全关。

3. 装置加料直流电机电压一般控制在 1.5～12V 即可，且保温电压一定要缓慢升压。

4. 实验设备与管路均未严格保温，主要目的是观察流化床干燥的全过程，所以热损失很大。

六、实验报告

1. 通过测得数据计算绘制干燥速率曲线并读取临界含水量和平衡含水量。

2. 对实验结果数据进行分析讨论并计算体积对流传热系数、热损失和热效率。

七、思考题

1. 本实验装置中是如何来保持恒定干燥条件进行干燥物料的?

2. 试分析干燥过程中控制恒速干燥阶段速率与降速干燥阶段速率的因素?

3. 为什么要先启动风机，再启动加热器？实验过程中床层温度是如何变化的？为什么？如何判断实验已经结束?

实验 14　计算机控制耐水硅胶/绿豆流化床干燥实验

一、实验目的

1. 了解该流化床干燥装置的基本结构、工艺流程和操作方法。

2. 掌握测定物料在恒定干燥条件下干燥特性的实验方法。

3. 掌握根据实验干燥曲线求取干燥速率曲线以及恒速阶段干燥速率、临界含水量、平衡含水量的实验分析方法。

4. 了解影响干燥速率曲线的主要因素。

二、实验原理

湿物料经进料器进入床层，热空气由下而上进入颗粒床层内。当气速较低时，颗粒床层呈静止状态，气流穿过颗粒间孔隙；当气速增加到一定程度后，颗粒床层开始松动并略有膨胀；气速再增大到某一数值后，颗粒在气流中呈悬浮状态，形成颗粒与热空气的混合层，此时，气固两相激烈运动并相互接触。湿物料在流化床中与热空气进行热量及水汽的传递，最终达到干燥的目的。

三、实验流程与装置

1. 实验装置

实验装置示意见图 7-2。打开底部进气阀，空气由风机输送经转子流量计、电加热器经加热并经进口温度计测温后从干燥器底部进入，同时预先装入加料斗内的原料，在重力作用下开始缓缓流入干燥器中，原料在一定的空气流速下处于流化状态，从而得到一定程度的干燥。为防止空气将一部分原料带走，在空气的出口设置一个旋风分离器，空气经干燥器的顶部排出后，细小固体颗粒在旋风分离器的作用下经排灰口排掉；经干燥后的产品从干燥器的一侧取样口流出。实验装置实物见图 7-3。

2. 实验操作参数（参考值）

① 鼓风机：BYF7122，370W。

② 电加热器：额定功率 2.0kW。

③ 干燥室：ϕ100mm×750mm。

④ 干燥物料：耐水硅胶。

⑤ 床层压差：Sp0014 型压差传感器。

四、实验步骤

1. 开启风机，打开仪表控制柜电源开关，加热器通电加热，床层进口温度

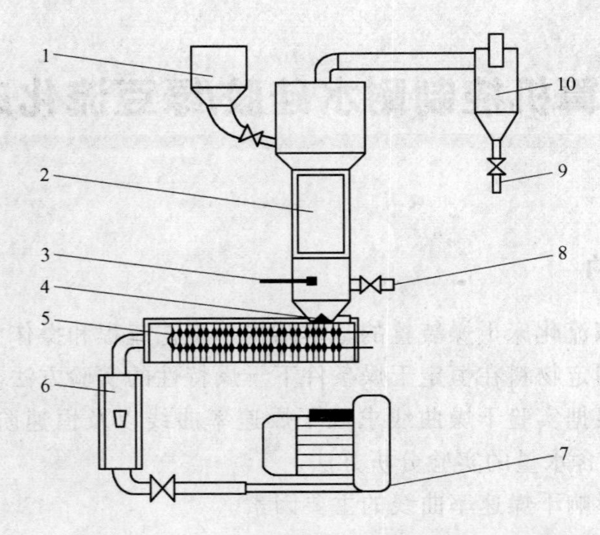

图 7-2　流化床干燥实验装置示意

1—加料斗；2—床层（可视部分）；3—床层测温点；4—进口测温点；
5—风加热器；6—转子流量计；7—风机；8—取样口；
9—排灰口；10—旋风分离器

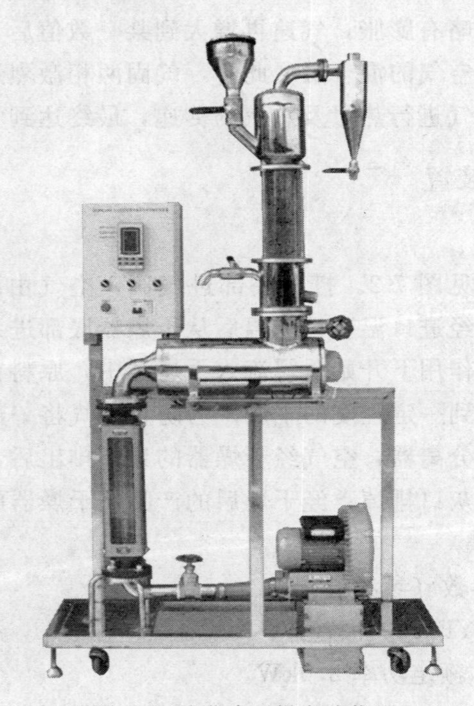

图 7-3　流化床干燥实验装置

要求恒定在 70～80℃。

2. 将准备好的耐水硅胶/绿豆加入流化床进行实验。

3. 每隔 4min 取样 5～10g 称重分析，并记录床层压差和床层温度。

4. 待干燥物料恒重或床层压差一定时，即为实验终了。

5. 关闭仪表电源、加热电源、风机，切断总电源，清理实验设备。

五、注意事项

必须先开风机，后开加热器，否则加热管可能会被烧坏，破坏实验装置。

六、实验报告要求

1. 绘制干燥曲线即失水量-时间关系曲线，相关数据记录及处理参见附录。

2. 根据干燥曲线作干燥速率曲线。

3. 读取物料的临界湿含量。

4. 对实验结果进行分析讨论并计算热损失和热效率。

七、思考题

1. 什么是恒定干燥条件？本实验装置中采用了哪些措施来保持干燥过程在恒定干燥条件下进行？

2. 控制恒速干燥阶段速率的因素是什么？控制降速干燥阶段干燥速率的因素又是什么？

3. 为什么要先启动风机，再启动加热器？实验过程中床层温度是如何变化的？为什么？如何判断实验已经结束？

4. 若加大热空气流量，干燥速率曲线有何变化？恒速干燥速率、临界湿含量又如何变化？为什么？

实验 15　喷雾干燥演示实验

一、实验目的

1. 了解喷雾干燥装置的基本结构、工艺流程和湿物料连续喷雾干燥操作方法。

2. 定性观察旋风分离器内径向上的静压力分布和分离器底部出灰口等处出现负压的情况，认识出灰口和集尘室密封良好的必要性。

二、基本原理

喷雾干燥器是用喷雾器将悬浮液、乳浊液等喷洒成直径为 10～200μm 的液滴后进行干燥，因液滴小，饱和蒸气压很大，分散于热气流中，水分迅速汽化而达到干燥的目的。喷雾干燥主要包括溶液喷雾、空气与雾滴混合、雾滴干燥和产品的分离与收集四个过程。

三、实验流程与装置

空气由风机输送经转子流量计、电加热器经加热并经进口温度计测温后，从

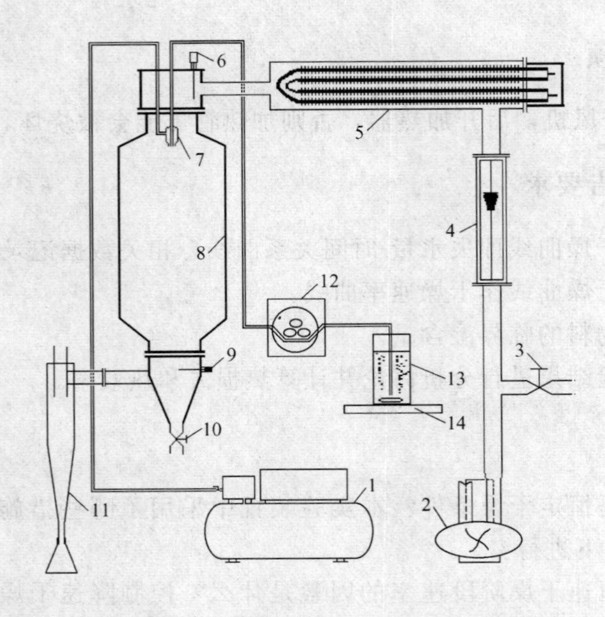

图 7-4　喷雾干燥实验装置流程

1—空气压缩机；2—风机；3—空气流量调节阀；4—空气转子流量计；5—空气换热器；
6—空气进口测温；7—喷雾器；8—干燥室；9—空气出口测温；10—排空阀；11—旋风分离器；
12—进料泵；13—料罐；14—磁转子搅拌器

干燥器的顶部进入，与此同时，与由进料泵输送到干燥器顶部的原料，在空压机的作用下，进入压力喷嘴式喷雾器的旋转室中剧烈旋转后，通过锐孔形成膜状喷射出来，物料在喷出时瞬时雾化，并蒸发掉水分形成细小的粉粒进入干燥器内，再经旋风分离器分离进入接收瓶中，得到最终的干燥产品（见图 7-4）。

四、演示操作

1. 打开电源，先由进料泵将清水打入喷头，观察出水是否顺畅。

2. 启动风机调节流量在 35m³/h 左右，打开加热开关先调节电压为 130V，后随空气进口温度的升高再适当调节，但不要超过 200V 电压。

3. 打开压缩机进行空气压缩备用，在温度逐渐升高时要持续进水，进水量为泵表值显示在 5～10 之间即可，目的是防止进料管温度过高后再进料时，料液瞬时汽化反喷出来。

4. 在空气进口温度升到 280℃左右时即可进物料（进料量为进料泵表值显示在 13～16 之间），同时打开压缩机的放气阀释放压缩的气体进入喷头，使物料在喷出时瞬时雾化，在干燥器内蒸发掉水分形成细小的粉粒，再由旋风分离器分离后进入锥形瓶中回收（空气进口的温度一般定为 300℃）。

5. 实验结束后，先将电压调到零再关闭加热开关，将进料换成清水持续进水 5min 后再关闭，目的是为了防止残留的物料在进料管中凝结，堵塞喷口。

6. 在干燥器表面不热时，利用进料泵大量进水（即进料泵表值显示最大值为 100），同时通入压缩气体，使水雾化并凝结在干燥器上形成水流以达到清洗干燥器的目的，同时打开干燥器底端的放空阀排掉污水。

附 录

附录 1 流体阻力实验数据处理

表 1 流体阻力实验数据记录表

光滑管内径________mm；管长________m；液体密度________kg/m³；液体黏度 μ=________mPa·s；压差读数初始值 0kPa

序号	流量 /(L/h)	直管压差 Δp		Δp /Pa	流速 /(m/s)	*Re*	λ
		/kPa	/mmH_2O				
1							
2							
3							
4							

表 2 流体阻力实验数据记录表

粗糙直管内径________mm；管长 1.700m；液体密度________kg/m³；液体黏度 μ=________mPa·s

序号	流量 /(L/h)	直管压差 Δp		Δp /Pa	流速 /(m/s)	*Re*	λ
		/kPa	/mmH_2O				
1							
2							
3							
4							

表 3 局部阻力实验数据表

序号	流量 /(L/h)	近端压差 /kPa	远端压差 /kPa	流速 /(m/s)	局部阻力压差 /kPa	阻力系数 ζ	λ
1							
2							
3							
4							

表 4　流量计性能测定实验数据记录表

文丘里流量计压差读数初始值 0kPa							
序号	涡轮流量计 /(m^3/h)	文丘里流量计 /kPa	文丘里流量计 /Pa	涡轮标准流量 /(m^3/h)	流速 /(m/s)	Re	C_0
1							
2							
3							
4							

以粗糙管为例，做 λ-Re 曲线如下：

一般是将通过实验测出的 λ 与 Re 和$\frac{\varepsilon}{d}$的关系，以$\frac{\varepsilon}{d}$为参变量，λ 为纵坐标，Re 为横坐标，标绘在双对数坐标纸上。如下图所示。

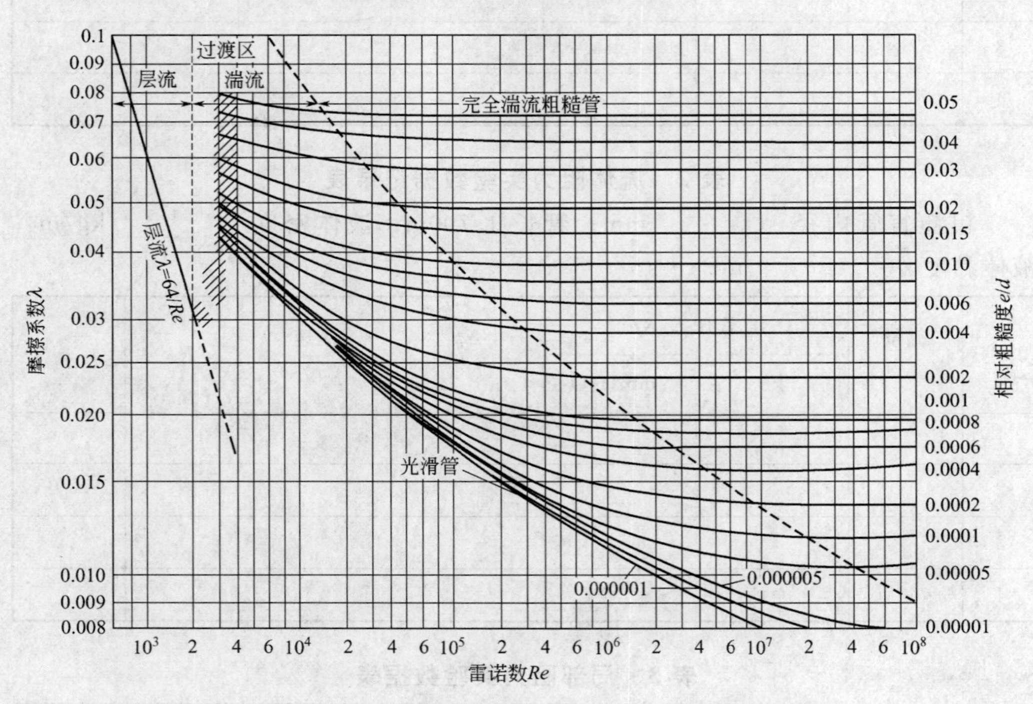

附录 2　离心泵特性实验数据处理

1. 实验原始数据

实验日期：_______　实验人员：_______　学号：_______　装置号：_______

离心泵型号＝_______　额定流量＝_______　额定扬程＝_______

额定功率＝_______　泵进出口测压点高度差 H_0＝_______

流体温度 t＝_______

实验次数	流量 Q /(m^3/h)	泵进口压力 p_v/kPa	泵出口压力 p_M/kPa	电机功率 $N_{电}$ /W	泵转速 n /(r/min)
1					
2					
3					
4					

2. 根据原理部分的公式，按比例定律校核转速后，计算各流量下的泵扬程、轴功率和效率，并填写下表。

实验次数	流量 Q /(m^3/h)	扬程 H /m	轴功率 N /kW	泵效率 η /%
1				
2				
3				
4				

3. 分别绘制特定转速下的 H-Q、N-Q、η-Q 曲线，大致形状如下。

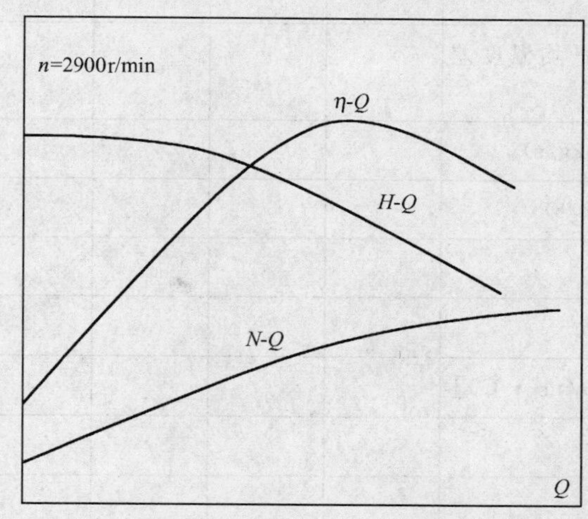

附录3 传热综合实验数据表

表1 空气-水蒸气对流传热实验原始数据表

内管内径 d_1 =________；内管长度 l =________

序号	普通管				强化管			
	孔板两端压差 Δp /kPa	空气的进口温度 t_1 /℃	空气的出口温度 t_2 /℃	内管壁面温度 t_w /℃	孔板两端压差 Δp /kPa	空气的进口温度 t_1 /℃	空气的出口温度 t_2 /℃	内管壁面温度 t_w /℃
1								
2								
3								
4								
5								
6								

表2 空气-水蒸气对流传热实验普通管的数据整理表

序号	1	2	3	4	5	6
空气的进口温度 t_1/℃						
空气的出口温度 t_2/℃						
内管壁面温度 t_w/℃						
空气平均温度 t_m/℃						
内管壁面与空气的平均温度差 Δt/℃						
空气的质量流量 q_m/(kg/s)						
空气的平均流速 u/(m/s)						
传热速率 Q/W						
管内侧传热面积 A_1/m^2						
对流传热系数 α_1/[W/(m^2·℃)]						
雷诺数 Re						
普兰特数 Pr						
努塞尔数 Nu						
$Nu/Pr^{0.4}$						

表3　空气-水蒸气对流传热实验强化管的数据整理表

序　号	1	2	3	4	5	6
空气的进口温度 t_1/℃						
空气的出口温度 t_2/℃						
内管壁面温度 t_w/℃						
空气平均温度 t_m/℃						
内管壁面与空气的平均温度差 Δt/℃						
空气的质量流量 q_m/(kg/s)						
空气的平均流速 u/(m/s)						
传热速率 Q/W						
管内侧传热面积 A_1/m^2						
对流传热系数 α_1/[W/(m^2·℃)]						
雷诺数 Re						
努塞尔数 Nu						

表4　计算机控制空气-水蒸气传热实验原始数据表

内管直径 d_1=________；内管长度 l=________

序号	孔板流量计读数 q_{V1}/(m^3/s)	空气的进口温度 t_1/℃	空气的出口温度 t_2/℃	水蒸气的温度 T/℃
1				
2				
3				
4				
5				
6				

表 5　计算机控制空气-水蒸气传热实验数据整理表

序　　号	1	2	3	4	5	6
空气的进口温度 t_1/℃						
空气的出口温度 t_2/℃						
水蒸气的温度 T/℃						
空气的质量流量 q_m/(kg/s)						
空气的平均流速 u/(m/s)						
传热速率 Q/W						
热冷流体的对数平均温度差 Δt_m/℃						
管内侧传热面积 A_1/m^2						
对流传热系数 α_1/[W/(m^2·℃)]						
雷诺数 Re						
普兰特数 Pr						
努塞尔数 Nu						
$Nu/Pr^{0.4}$						

附录 4　NH_3-H_2O 系统相平衡常数与温度之间的关系

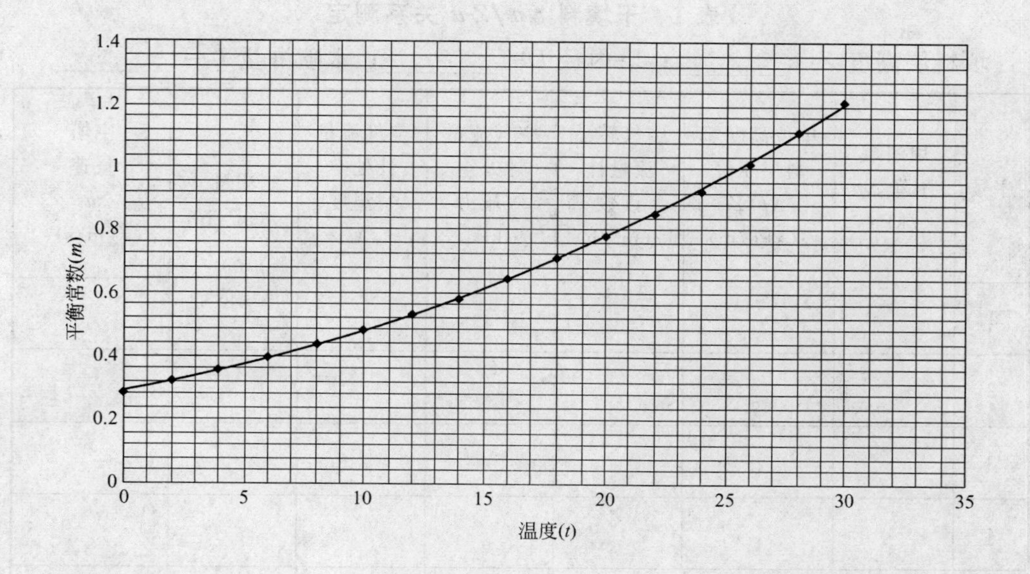

附录5 吸收综合实验数据表

表1 干填料 $\Delta p/Z$-u 关系测定

填料层高度 Z=________；塔内径 D=________；水喷淋量 L=________

序号	填料层压降 Δp /kPa	单位高度填料层压降 $\Delta p/Z$ /(kPa/m)	空气转子流量计读数 /(m^3/h)	空气流量计处空气压力 /kPa	空气流量计处空气温度 /℃	空气流量 /(m^3/h)	空塔气速 u /(m/s)
1							
2							
3							
4							
5							
6							

表2 湿填料 $\Delta p/Z$-u 关系测定

填料层高度 Z=________；塔内径 D=________；水喷淋量 L=________

序号	填料层压降 Δp /kPa	单位高度填料层压降 $\Delta p/Z$ /(kPa/m)	空气转子流量计读数 /(m^3/h)	空气流量计处空气压力 /kPa	空气流量计处空气温度 /℃	空气流量 /(m^3/h)	空塔气速 u /(m/s)	操作现象
1								
2								
3								
4								
5								
6								

表3　水吸收空气中氨气气相总体积传质系数 K_{Ya} 的测定

填料层高度 Z=______；塔内径 D=______；塔顶液相浓度 X_2=______

序　号	1	2	3	4
空气转子流量计的读数/(m^3/h)				
空气转子流量计处空气压力/kPa				
空气转子流量计处空气温度/℃				
氨转子流量计的读数/(m^3/h)				
氨转子流量计处氨气的温度/℃				
水转子流量计的读数/(L/h)				
测尾气所用硫酸溶液的浓度/(kmol溶质/m^3 溶液)				
测尾气所用硫酸溶液的体积/mL				
量气管内空气的总体积/mL				
量气管内空气的温度/℃				
滴定塔底吸收液所用硫酸溶液的浓度/(kmol溶质/m^3 溶液)				
滴定塔底吸收液所用硫酸溶液的体积/mL				
滴定时所取塔底吸收液的体积/mL				
塔底液相温度/℃				
相平衡常数 m				
塔底气相浓度 Y_1/(kmol氨/kmol空气)				
塔顶气相浓度 Y_2/(kmol氨/kmol空气)				
塔底液相浓度 X_1/(kmol氨/kmol水)				
气相对数平均推动力 ΔY_m/(kmol氨/kmol空气)				
气相总传质单元数 N_{OG}				
气相总传质单元高度 H_{OG}/m				
空气的摩尔流量 V/(kmol/h)				
气相总体积传质系数 K_{Ya}/[kmol/(m^3·h)]				

表 4 水吸收空气中 CO_2 实验液相总体积传质系数 K_{Ya} 及液相总传质单元高度 H_{OL} 的测定

填料层高度 Z=______；塔内径 D=______；塔顶液相浓度 X_2=______

序 号	1	2	3	4	5	6
混合气转子流量计的读数/(m^3/h)						
混合气转子流量计处气压表读数						
混合气转子流量计处空气温度/℃						
CO_2 转子流量计的读数/(m^3/h)						
水转子流量计的读数/(L/h)						
水转子流量计处水的温度/℃						
填料层压差计读数						
塔底气相浓度 Y_1/(kmolCO_2/kmol 空气)						
塔顶气相浓度 Y_2/(kmolCO_2/kmol 空气)						
相平衡常数 m						
混合气的体积流量/(m^3/s)						
混合气的摩尔流量/(kmol/s)						
空气的摩尔流量 V/(kmol/s)						
水的摩尔流量 L/(kmol/s)						
塔底液相浓度 X_1/(kmolCO_2/kmol 水)						
液相对数平均推动力 ΔX_m/(kmol CO_2/kmol 水)						
液相总传质单元数 N_{OL}						
液相总传质单元高度 H_{OL}/m						
液相总体积传质系数 K_{Xa}/[kmol/(m^3·h)]						

附录 6　精馏实验相关汽液平衡数据及处理方法

表 1　乙醇-正丙醇汽液平衡数据

（乙醇沸点：78.38℃；正丙醇沸点：97.2℃。均以乙醇摩尔分数表示，x-液相，y-气相）

t	97.60	93.85	92.66	91.60	88.32	86.25	84.98	84.13	83.06	80.50	78.38
x	0	0.126	0.188	0.210	0.358	0.461	0.546	0.600	0.663	0.884	1.0
y	0	0.240	0.318	0.349	0.550	0.650	0.711	0.760	0.799	0.914	1.0

表 2　温度-折射率-液相组成之间的关系

温度 \ 折射率	0	0.05052	0.09985	0.1974	0.2950	0.3977	0.4970	0.5990
25℃	1.3827	1.3815	1.3797	1.3770	1.3750	1.3730	1.3705	1.3680
30℃	1.3809	1.3796	1.3784	1.3759	1.3755	1.3712	1.3690	1.3668
35℃	1.3790	1.3775	1.3762	1.3740	1.3719	1.3692	1.3670	1.3650

温度 \ 折射率	0.6445	0.7101	0.7983	0.8442	0.9064	0.9509	1.000
25℃	1.3607	1.3658	1.3640	1.3628	1.3618	1.3606	1.3589
30℃	1.3657	1.3640	1.3620	1.3607	1.3593	1.3584	1.3574
35℃	1.3634	1.3620	1.3600	1.3590	1.3573	1.3653	1.3551

注：对 30℃下质量分数与阿贝折光仪读数之间关系可按下列回归式计算：

$w=58.844116-42.61325n_D$

式中，w 为乙醇的质量分数；n_D 为折光仪读数（折射率）。

由质量分数求摩尔分数（x_A）：

乙醇分子量 $M_A=46$g/mol，正丙醇分子量 $M_B=60$g/mol。

$$x_A=\frac{(w_A/M_A)}{(w_A/M_A)+(1-w_A)/M_B}$$

表 3　实验部分回流（全回流）数据记录列表

实际板数： 样品室温度： 进料温度： 泡点温度：			
	塔顶浓度	塔底浓度	进料浓度
折射率			
质量分数			
摩尔分数			

表 4　乙醇-水溶液的汽液相平衡数据

t/℃	100	95.5	89.0	86.7	85.3	84.1	82.7	82.3
x	0.00	1.90	7.21	9.66	12.38	16.61	23.37	26.08
y	0.00	17.00	38.91	43.75	47.04	50.89	54.45	55.8

t/℃	81.5	80.7	79.8	79.7	79.3	78.74	78.41	78.15
x	32.73	39.65	50.79	51.98	57.32	67.63	74.72	89.43
y	58.26	61.22	65.64	65.99	68.41	73.85	78.15	89.43

附录 7 流化床干燥实验记录表格

表 1 硅胶流化床干燥实验数据记录表

干燥器内径		$D_1=76$mm		
绝干硅胶比热容		$C_s=0.783$kJ/(kg·℃)		
加料管内初始物料量		$G_{01}=$ g		
加料管内剩余物料量		$G_{11}=$ g		
加料时间		$\Delta\tau_1=$ min= s		
进干燥器物料的含水量		$w_1=$ kg 水/kg 湿物料(快速水分测定仪读数)		
出干燥器物料的含水量		$w_2=$ kg 水/kg 湿物料(快速水分测定仪读数)		
名 称		进料前	进料后	开始出料后 (每隔 5min 左右记录一次)
流量压差计读数/kPa				
风机吸入口	大气干球温度 t_0/℃			
	大气湿球温度 t_w/℃			
	相对湿度 φ			
干燥器进口温度 t_1/℃				
干燥器出口温度 t_2/℃				
进流量计前空气温度 t_0/℃				
干燥器进口物料温度 θ_1/℃				
干燥器出口物料温度 θ_2/℃				
流化床层压差/kPa				
流化床层平均高度 h/mm				
预热器加热电压显示值/V				
预热器电阻 R_p/Ω				
干燥器保温电压显示值/V				
干燥器保温电阻 R_d/Ω				
加料电机电压/V				

表 2　计算机控制耐水硅胶/绿豆流化床干燥实验数据记录表

<table>
<tr><td colspan="2">干燥室尺寸</td><td colspan="3">ϕ100mm×750mm</td></tr>
<tr><td colspan="2">绝干硅胶比热容</td><td colspan="3">C_s=　　　kJ/(kg·℃)</td></tr>
<tr><td colspan="2">加料斗内初始物料量</td><td colspan="3">G_{01}=　　　g</td></tr>
<tr><td colspan="2">加料斗内剩余物料量</td><td colspan="3">G_{11}=　　　g</td></tr>
<tr><td colspan="2">加料时间</td><td colspan="3">$\Delta\tau_1$=　　　min=　　　s</td></tr>
<tr><td colspan="2">进干燥器物料的含水量</td><td colspan="3">w_1=　　　kg 水/kg 湿物料(快速水分测定仪读数)</td></tr>
<tr><td colspan="2">出干燥室物料的含水量</td><td colspan="3">w_2=　　　kg 水/kg 湿物料(快速水分测定仪读数)</td></tr>
<tr><td colspan="2">名　称</td><td>进料前</td><td>进料后</td><td>开始出料后
(每隔 4min 左右记录一次)</td></tr>
<tr><td colspan="2">流量计读数/(m^3/h)</td><td></td><td></td><td></td></tr>
<tr><td rowspan="3">风机
吸入口</td><td>大气干球温度 t_0/℃</td><td></td><td></td><td></td></tr>
<tr><td>大气湿球温度 t_w/℃</td><td></td><td></td><td></td></tr>
<tr><td>相对湿度 φ</td><td></td><td></td><td></td></tr>
<tr><td colspan="2">床层进口温度 t_1/℃</td><td></td><td></td><td></td></tr>
<tr><td colspan="2">床层温度 t_2/℃</td><td></td><td></td><td></td></tr>
<tr><td colspan="2">进流量计前空气温度 t_0/℃</td><td></td><td></td><td></td></tr>
<tr><td colspan="2">干燥室进口物料温度 θ_1/℃</td><td></td><td></td><td></td></tr>
<tr><td colspan="2">干燥室出口物料温度 θ_2/℃</td><td></td><td></td><td></td></tr>
<tr><td colspan="2">流化床层压差/kPa</td><td></td><td></td><td></td></tr>
<tr><td colspan="2">流化床层平均高度 h/mm</td><td></td><td></td><td></td></tr>
<tr><td colspan="2">预热器加热电压显示值/V</td><td></td><td></td><td></td></tr>
<tr><td colspan="2">预热器电阻 R_p/Ω</td><td></td><td></td><td></td></tr>
</table>

参 考 文 献

[1] 赫文秀，王亚雄．化工原理实验．北京：化学工业出版社，2010.
[2] 吴洪特．化工原理实验．北京：化学工业出版社，2010.
[3] 王雪静，李晓波．化工原理实验．北京：化学工业出版社，2009.
[4] 汪学军，李岩梅，楼涛．化工原理实验．北京：化学工业出版社，2009.
[5] 王存文，孙炜．化工原理实验与数据处理．北京：化学工业出版社，2008.
[6] 陈均志，李磊．化工原理实验及课程设计．北京：化学工业出版社，2008.
[7] 吕维忠，刘波，罗仲宽，于厚春．化工原理实验技术．北京：化学工业出版社，2007.
[8] 杨涛，卢琴芳．化工原理实验．北京：化学工业出版社，2007.
[9] 王雅琼，许文林．化工原理实验．北京：化学工业出版社，2005.
[10] 杨祖荣．化工原理实验．北京：化学工业出版社，2005.